光明城

LUMINOCITY

陈从周

造园三章

看见我们的未来

陈从周

造园三章

同济大学
建筑与城市规划学院
景观学系

著

Three Chapters of Gardening
by CHEN Congzhou

by: Department of Landscape Architecture, CAUP, Tongji University

同济大学出版社
TONGJI UNIVERSITY PRESS
中国·上海

同济大学《陈从周造园三章》编委会

顾　问

方守恩　陈　杰　伍　江　吴志强

编　委

郑时龄　常　青　彭震伟　李振宇　刘　颂　孙彤宇
张尚武　李翔宁　王晓庆　唐育虹　刘滨谊　韩　锋
蔡永洁　杨贵庆　金云峰　王云才

执行编委

李振宇　韩　锋　王伟强　周向频　周宏俊　杨　晨

目　录

序

李振宇
同济大学建筑与城市规划学院
院　长

1

锦绣江南，人杰地灵，养育了一代代文化大家，造就了千百种艺术形式。中国园林，汉唐曾兴起于西东二京，宋代又迁徙于汴杭两州；及至明清，在江南，在苏杭扬之间，私家园林成为几百年的风尚，达到成熟境界，成为独有的艺术空间载体和文化综合表达。江南园林也对清代皇家园林产生了直接的影响，在世界园林史和文化艺术史中具有重要的地位。

近百年来，与江南园林有关的最重要的大家之一，就是陈从周先生。他生于江南，长于江南，也成就于江南。他的传统文化功底深厚，“师大风堂，随玉轮楼”，拜名师，通经史，工书画，长诗文，爱词曲，游天下，尽显江南才子的风采；他也接受了西式大学教育，以自己独特的方式，打通东西，融汇古今，为中国园林的当代影响作出了不可替代的贡献。

2

陈从周先生与园林结下的不解之缘，概括起来有四个方面：记园、护园、说园、造园。

陈先生是记园先声。陈先生不仅用传统文人的方式作“园记”，而且引入了当代专业方法。1952 年，同济大学建筑系组建成立后不久，陈从周先生就率领建筑系的学生，到苏州园林进行系统的测绘。1956年，《苏州园林》一书问世，成为园林研究的标志性发端。二十多年后，陈先生的《扬州园林》《中国名园》先后出版，“写了苏州，又写扬州”；又有各种园记百十篇，为中国园林的系统研究开创了一种范式，打下了厚实的基础。

陈先生是护园使者。他嫉恶如仇，坚决反对破坏文化遗产、破坏自然环境的行为；每到一处，他都用手中的笔，用自身的文化影响来保护园林。他为破败的亭子题了词，这个亭子也许就有修缮的机会；他在晚报上批评了风景区开山炸石，景区的宁静就有可能恢复。江苏、上海、浙江、山东、江西……都有他护园的成功案例。

陈先生是说园大家。1978年，陈先生发表《说园》一文，对园林欣赏评价的标准和造园的法则进行了论述。文字深入浅出，通俗易懂而又耐人寻味。其后一发不可收，汇成五篇，由同济大学出版社结集出版。以中文小楷缮写于右，英文翻译于左，中西合璧，广受欢迎。至今各类《说园》版本有十余种。以我自己曾师从陈先生学习的体会，《说园》的核心是提出了五个要点：诗情画意的造园境界，因地制宜的设计原则，动观静观、小中见大、对景借景之三种设计手法。这是陈从周园林理论的基本点。先生还著有《园林谈丛》等专著多部，形成了完整的中国园林理论体系。

陈先生还是造园名师。他年逾花甲之时，正逢改革开放，国运昌盛。先生以网师园殿春簃为蓝本，指导美国大都会博物馆“明轩”设计工作，各方专家领导同心协力，成就了中外园林文化交流的一段佳话，也是先生造园实践的一次序曲。随后由陈先生主持的豫园、楠园和水绘园，则成为陈从周先生造园实践中最重要的三个乐章。

3

从 20 世纪 80 年代中期到 90 年代初，古稀之年的陈先生先后主持了三个园林的设计和修建工作，可以称为“补豫园，构楠园，复水绘园”。

对于豫园，陈先生谨慎地采取“补”的设计方法。豫园是明代潘允端的宅园，现在成为上海老城厢最重要的文化遗迹，也是最知名的旅游景点之一。应豫园管理处之邀，1986年陈先生接受了扩大豫园范围、重修豫园东部、修复古戏台的设计工作。他采取的设计态度是分而图之，徐徐展开；保留原有的豫园格局不变，东部用地单独成章。叠山理水，用照壁石桥烘托名石“玉玲珑”，用石板桥和回廊形成动观游线，用花墙藤萝映衬“谷音涧”，与古戏台有分有合。动静相宜，大小有序，续笔工整。记得那时陈先生几乎每天都在豫园工地现场，博士生蔡达峰和施工队负责人张建华现场协助，直到1988年底豫园东部竣工启用。

楠园的设计，是全新的“构”。当时，三千里之外的云南安宁县慕名邀请陈先生为当地建一座园林，占地十亩。陈先生在这个园林设计中直抒胸臆，把《说园》里的理论化为了现实。先分动静之观，围绕厅堂为主景，一池清水，有澹澹之意。左曲廊邻水而筑，右假山成巍峨之势。其次反复运用大小对比，园南部有小园，园东部有小院。漏窗泄景，阁楼对景，有不尽之意。陈先生并没有完全照搬江南园林的所有元素，而是因地制宜，求诗情画意。比如庭院中的铺地，用的是当地的红砂岩，并未刻意模仿江南的细腻，而是表达了砂岩的质朴；假山体型大于一般的苏州园林，用材也非常有当地特色；至于植物配置，力求当地品种，几年下来，就有森然之态。陈先生几度到现场指导设计，施工队张建华等有豫园的经验积累，轻车熟路，心领神会。到 1991 年，楠园建成。今天我们可以从楠园读到陈先生完整的造园设计。

水绘园在江苏如皋，陈先生自称为“复”。这是明代江苏才子冒辟疆的私园，也留下了董小宛的故事。到 1989 年陈先生接手设计的时候，旧园原址尚在，建筑、园林不存，也没有足够的图像可考。但陈先生通过文献研读，确定“重修”的原则：一为城，二为水。水绘园依城墙而筑，当恢复部分城墙，“城围半园，雉堞俨然”；水绘园由水而名，须叠山引水，注入池中，扩大规模，构筑楼台。

在陈从周先生的造园乐章里，明轩仿佛是谨慎的序曲，豫园好像是渐入佳境的展开部，楠园当然是激情四溢的华彩篇章，水绘园便是自由通达的再现部。

4

今年是陈从周先生诞辰100周年。为了纪念陈先生，纪念他对园林文化和传统艺术的贡献，学习他教书育人、作为文化人的风范，我们学院得到同济大学领导和社会各界的关心支持，组织了系列纪念活动。其中有一个大型展览，一场纪念报告会，一个学术研讨会，一次豫园雅集，一套陈先生文集的再版，还有这本新书的出版。

作为陈先生的学生，我感到这本书特别有意义。回顾过去，曾有许多的遗憾，特别是在跟随陈先生攻读硕士研究生的1986—1989年间，没有主动请缨跟随先生长驻豫园工地实习，也没有参加楠园和水绘园的设计。所以不揣冒昧，提出编著《陈从周造园三章》的动议，可供后人学习陈先生的造园艺术。这个建议得到方守恩、伍江、吴志强等学校领导和彭震伟、刘颂、孙彤宇、张尚武、李翔宁、王晓庆、唐育虹等学院同事的热情支持，得到景观学系韩锋系主任等诸多同仁的响应。与以往的陈从周研究著作不同，这本书集中于对陈从周先生造园实践的整体呈现，很多资料属于首次发表，集院系之力，力求尊重历史，立足当下。本书由韩锋教授主持编撰，周宏俊副教授协助，特邀王伟强教授专门为此摄影。编著小组成员花了很多心力，陈先生的长女陈胜吾女士给予了许多帮助。此外，豫园管理处、楠园管理处、水绘园管理处、南北湖陈从周纪念馆等相关单位给予了无私的帮助，在此表示真诚的感谢。

在陈先生离开我们后的十八年里，同济大学建筑与城市规划学院先后组织出版了三本重要的图书来纪念先生。2002 年的《陈从周纪念文集》、2007 年的《陈从周画集》

和2014年的《园林大师陈从周》，从不同的角度呈现了先生的学术思想、治学精神和艺术风格。今天这本《陈从周造园三章》，则是集中展现陈先生晚年的造园成就，是对中国园林文化的传承和再现，是知与行的结合。

《说园》五篇，造园三章；梓翁哲匠，我师从周。

2018年8月22日

陈从周

造　园　三　章

第一章 豫园之补

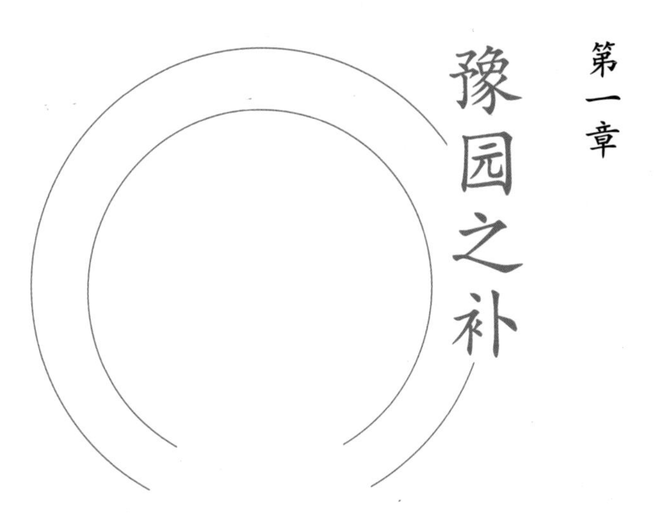

重建豫园东部记 *

陈　从　周

上海豫园昔擅水石之胜，百余年来，东部增改会馆、市肆，景物之亡久矣。余每过其地，辄徘徊慨叹不已，虽风范已颓，而丘壑犹仿佛见之。建国后，百事昌盛，朱理区长有鉴于斯，遂拆市屋，还玉玲珑巨峰，稍事修整，余偕乔君舒祺参预其事，惜匆匆未善也。越三十年，董君良光来主豫园事，每感园之不足，就商于余，必欲复其旧观，而愿始遂。余欣然应命，退而细考潘氏园记与今日之实况，

* 出自：陈从周《世缘集》，上海：同济大学出版社，1993.

于是叠山理水，疏池浚流，引廊改桥，栽花种竹，以空灵高洁为归。锐意安排，经营期年，园隔水曲，楼阁掩映，初具规模矣。接笔之作，自惭续貂。良光坚属为记，何敢辞？爰述始末如此。园之成，承上海市文物保管委员会督导，与门人张建华、蔡达峰两君之助，不能不记入者。

一九八七年丁卯夏至

豫园实景

粉墙掇石小景

未转眼，度秋风，成陈迹*

* 全书宋词注解出自《苏州园林》。《苏州园林》中的宋词 2007 年前后由张熹先生整理编目，提供 Word 文件，由段建强老师从中选取，编入此书。特此感谢张熹先生。

豫园龙墙

我望云烟目断，
人言风景天悭

龙墙小景

花满名园，
万红千翠交相映

小院深明别有天

引玉月洞门遥望玉玲珑

豫园之补

豫园之

九狮轩侧望西部粉墙

石笋埋云，
风篁啸晚，
翠微高处幽居

内园戏台厢廊

叠鼓新歌，
最能作，
江南调

踏破秋痕，向虚堂、细问新凉踪迹

会景楼前秋意浓

绕树微吟，
巡檐索笑，
自分平生相得

会景池与九狮轩

曲阑干外
天如水

会景桥下秋波

豫园之补

会景楼前望玉华堂及引玉月门

不是凡花数，
乱山深处
水潆洄

积玉水廊与涵碧楼

山色谁题，
楼前有雁斜书

老君殿与积玉水廊处置石

有人依样入明光，
玉阶之下岩岩立

豫园之

九狮轩前南望流觞亭、浣云假山与得月楼

寒卸园林春已透

一堂真石室。
空庭更与添突兀

玉华堂前赏玉玲珑

豫园之补

会景池及会景桥小景

水潺潺、
花片片，
画桥看落絮，
浓绿交加

内园观涛楼及舒怀月门

斜阳却照深深院

可奈园林摇落尽，
悲秋意与谁论。
眼中相识几番新

眺望流觞亭

豫园之朴

秋水长廊水石间

积玉水廊改扩建

豫园全园轴测图及总平面图

同济大学景观学系二〇一五级本科生
二〇一七年上海豫园测绘实习成果

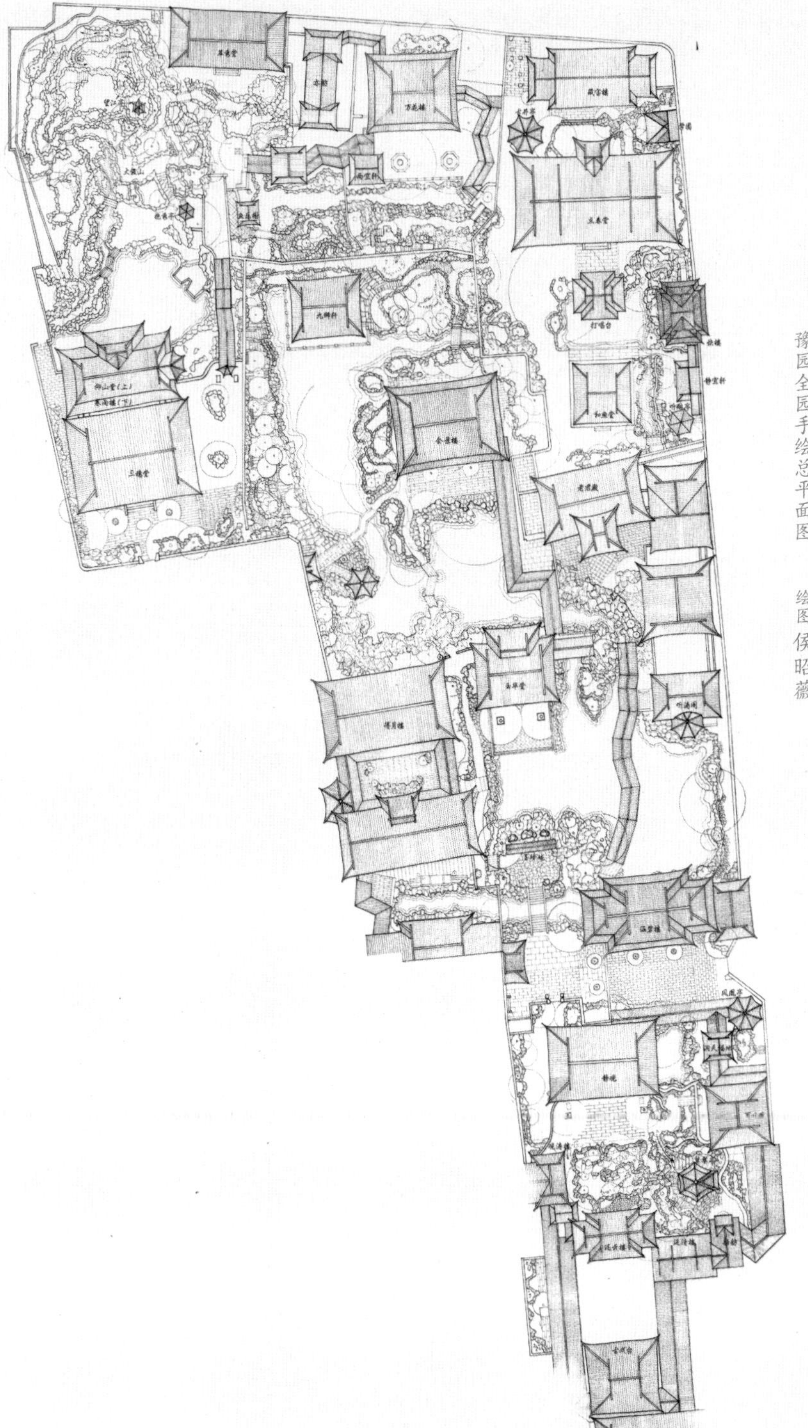

豫园全园手绘总平面图　绘图 侯昭薇

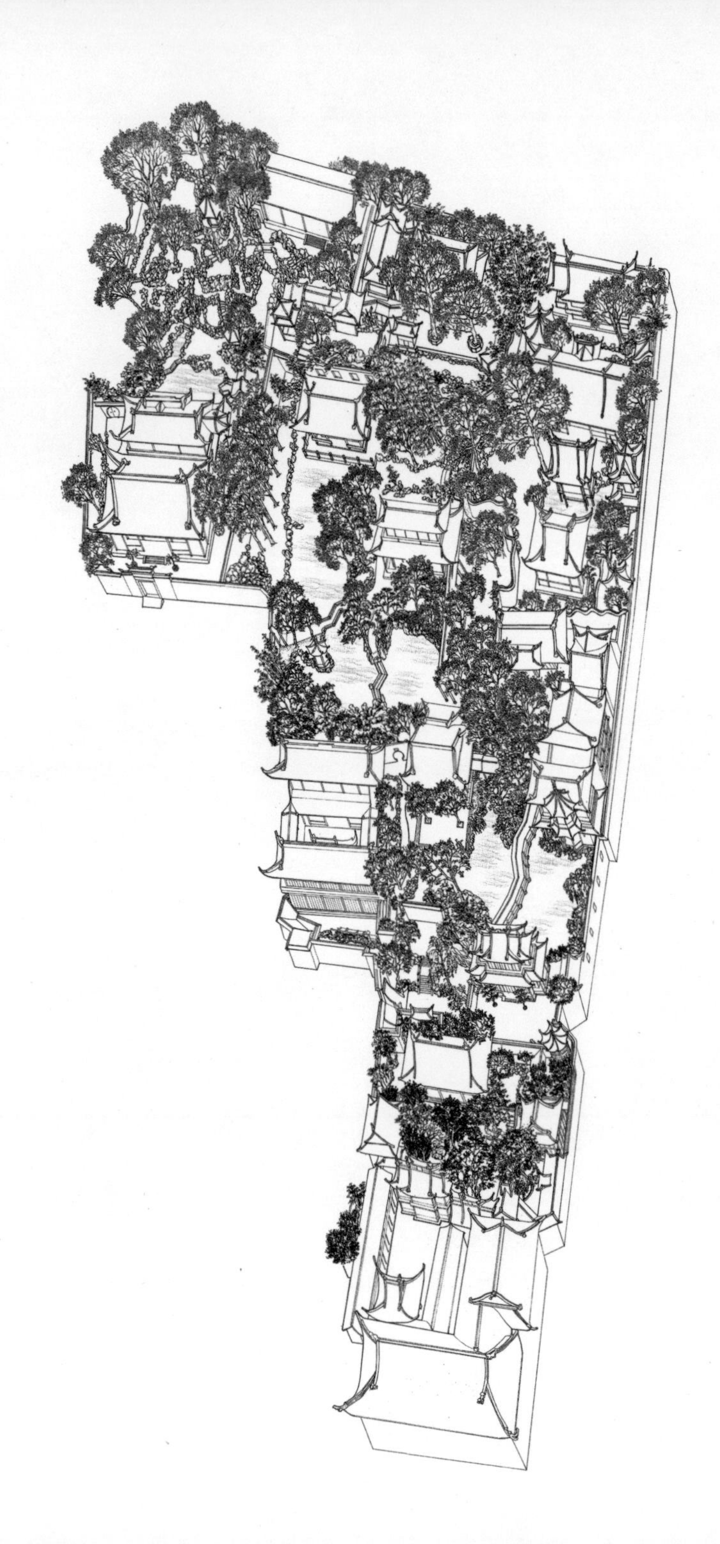

豫园全园轴测图　绘图 李清缘

豫园鸟瞰（本页及下页）

豫园东部

接笔名园：豫园的修复与再造

段　建　强

1980 年代豫园修复始末

1986 年，就像三十年前刚刚参加社文处工作不久的杨嘉祐调查豫园那样，刚刚博士毕业、被分配到上海市文管委工作的蔡达峰，接到一个任务，要他代表文管委，到豫园参与豫园东部重修工作。蔡达峰后来回忆，要求他参与这项工作的，正是他的恩师陈从周先生。

此时豫园刚经历“文化大革命”结束后的整顿，申报全国重点文物保护单位并获批准，正要进行全面的修复。面对历史遗留问题和屡修屡改的豫园，时任豫园管理处主任的董良光，力请陈从周来完成这次豫园东部修复工程。

修复豫园东部之前，陈从周曾作为顾问，参与了 1950 年代的豫园修复工作。在长期的实践中，他反复思考中国传统园林的修复实践，并梳理了传统园林重修的方式、方法——在处理具体重修问题时，观念层面的细微差异及具体修缮过程中的基本原则。在其《说园》中，他这样论述“复园”与“改园”的差异：

> 整修前人园林，每多不明立意。余谓对旧园有“复园”与“改园”二议。设若名园，必细征文献图集，使之复原，否则以己意为之，等于改园。正如装裱古画，其缺笔处，必以原画之笔法与设色续之，以成全璧。[01]

他并进一步指出：

> 能品园，方能造园，眼高手随之而高，未有不辨乎味能为著食谱者。故造园一端，主其事者，学

01 陈从周．说园（三）[M]// 陈从周．说园．《同济大学学报》抽印本．上海：《同济大学学报》编委会，1982：51．

养之功，必超乎实际工作者。[02]

对造园中“主其事者”的“能主之人”，结合自身的思考与实践加以反思的同时，他追溯历史上造园名家张南垣在造园过程中的实践，探讨造园的特征说：

王时敏《乐郊园分业记》：“……适云间张南垣至，其巧艺直夺天工，怂恿为山甚力，……因而穿池种树，标峰置岭，庚申（明泰昌元年，一六二〇年）经始，中间改作者再四，凡数年而后成，磴道盘纡，广池澹滟，周遮竹树蓊郁，浑若天成。而凉台邃阁，位置随宜，卉木轩窗，参错掩映，颇极林壑台榭之美。”以张南垣（涟）之高技，其营园改作者再四，益证造园施工之重要，间亦必需要之翻工修改，必须留有余地。凡观名园，先论神气，再辨时代，此与鉴定古物，其法一也。然园林未有不经修者，故首观全局，次审局部，不论神气，单求枝节，谓之舍本求末，难得定论。[03]

一方面，是从观念到实践，总结前人修造园林的经验；另

02　陈从周．说园（三）[M]// 说园，54．

03　陈从周．说园（四）[M]// 说园，85-86．

一方面，面对现实中的修复问题，在考察传统文化中对园林基本认识的同时，陈从周也在思考当代修复中的问题，即传统园林之所以得以存续的核心是什么？他认为：

> 造园之理，与一切艺术无不息息相通。故余曾谓明代之园林，与当时之文学、艺术、戏曲，同一思想感情，而以不同形式出现之。≡04

明确指出历史上造园活动同传统艺术实践在文化上的统一性，以及两者与人之思想情感关系上的相似性。这为他进一步参与豫园东部修复工程奠定了理论基础。怀着对园林作为历史对象和文化对象的思考，陈从周带着蔡达峰开始了修复豫园东部的工作。然而错综复杂的东部修改状况，使他们意识到，所面对的不单纯是"修复"一个园林的问题。

首先，是对"豫园东部"的认识。（图1）所谓"东部"，虽然在物质空间上，只是"豫园"的一个部分，然而实际上，这个区域在豫园整体布局中位居中心。南侧连接保存较为完好的"内园"部分；西侧连接保存较为完好的明代大假山和三穗堂至萃秀堂一区，以及亦舫和万花楼一区；而东侧，与点春堂一区隔墙相接，更加上老君殿及其毗邻民居，使得边界相对复杂；北侧，则直达福祐街。周边状况几乎跨越豫园历史层系的各

04　陈从周．说园（三）[M]// 说园，53-54．

图1·豫园东部修复范围示意图

图2·修复完成的豫园东部鸟瞰一
《豫园新咏》封面题图

个时期。因此，“豫园东部”的范围若不仅仅限于这次修缮的部分，显然，还包括更加靠“东”的点春堂一区和老君殿等景区及建、构筑物；而这次修缮的区域，相对于保存和修缮较为充分的大假山一区和万花楼一区来说，又是位于“东部”的。与以上几个相邻区域的“封闭”相对，这个区域在空间位置和景观格局上，正好处在豫园作为“公园”的开敞区域，是连接“豫园”各部分，使其成为一个整体的关键。（图2—图5）

图3·修复完成的豫园东部鸟瞰二
《豫园新咏》书内照片

图4・陈从周在豫园东部重建工程工地指导确定会景池驳岸形态（从左至右：陈从周、张建华、施工人员）

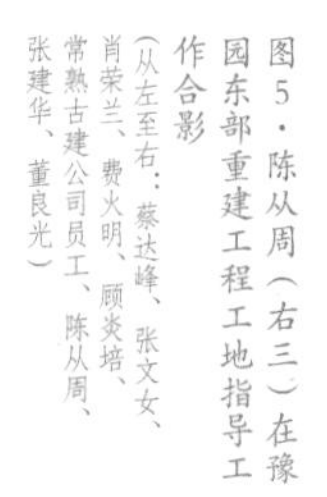

图5・陈从周（右三）在豫园东部重建工程工地指导工作合影（从左至右：蔡达峰、张文女、肖荣兰、费火明、顾炎培、常熟古建公司员工、陈从周、张建华、董良光）

其次，是在其内部。(图6) 这个部分需要修复的原因并不单一。它在太平天国运动后曾经沦为废墟；然而，它在修复前又不是一个废墟——自清末以来这个区域历次修造形成了极为复杂的状况：不仅有明代遗留的奇石“玉玲珑”，还有清代重建的得月楼等既存建筑；甚至在抗日战争期间被日军轰炸成废墟的“香雪堂”，也在1950年代的修复中被建造起来；另外，还有在“文化大革命”期间改造原有水系而形成的防空洞及其上的西式花坛。如此复杂的历史遗存被集中地划归“豫园东部”，可以想象，陈从周面临的，已不单纯是一个文物该

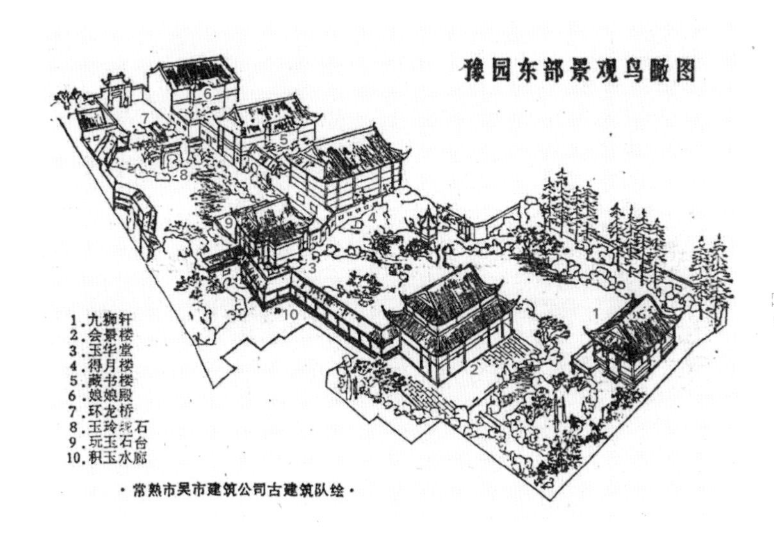

图6・豫园东部景观鸟瞰图
出自：《解放日报》1987年9月21日

如何修复的问题，而是对这一特定场所的历史、文化的解读。通过对历史上不同遗存物及其信息的解读，场所要求重修者要对豫园本体历史和园林文化重新整合，从而完成在当代进行园林文化重构。

最后，修复工作还面临了产权问题。一方面，要动迁居民，园林与城市边界会发生改变，从而导致场所也不是稳定的；另一方面，在处理诸如"湖心亭"这样的历史遗留问题时，引发的产权争议亦较为突出——时至今日，这个问题仍然没有得到彻底解决。

一如前贤，在园林重修告竣之时，陈从周先生以撰写《重建豫园东部记》（详见本章起首）的方式，使这一活动有了历史的维度——就像从苏舜钦开始的沧浪亭历次修造者所做的一样。在园记中，他追溯百年来豫园的兴衰变迁，强调园林兴废的历史原因，并且再次指出园林修复的基本目标——“复其旧观”。园记之撰写，不是传统方式的简单重复，也不单纯是为了宣示豫园东部修造过程的某种历时性存在特征；更为重要的是，陈从周通过文字，在造园过程性环节的终点上，为后来者提供了一个得以引发历史共鸣的共时性线索。

名园全璧：园林修复分析及其遗憾

苏局仙[05]《豫园修复全部开放》诗云：

沪上园林此最先，
沧桑幸未遇烽烟。
近照东部更新貌，
回复旧观四百年。[06]

05　苏局仙（1883—1991），上海市南汇县周浦镇人，清末秀才。长期从事教育工作。工诗及书法。

06　苏局仙.豫园修复全部开放 [M]// 周道南.豫园新咏.上海：同济大学出版社，1989：46.

这是一位百岁老人对豫园东部修复完成之后的评价。在上海城市的发展中，豫园作为与城市伴生的传统园林，其最初发生直至修复重建，历经了怎样的变迁。作为文人的苏局仙仍然提到了“复旧观”，但他将“复旧观”“更新貌”并列，以说明豫园东部重修给人带来的观感。相比之下，修复过程使陈从周全面地思考自己的造园理论与实践的关系，并且，他更为关心的问题，实又超出“复旧观”的传统窠臼。

陈从周在豫园东部修复工程结束后，这样总结豫园东部的总体构思和意境：

> “近水楼台先得月；临流泉石最宜秋”，这是豫园东部重建后我的题壁，“宜秋”二字，或可说我园景构思的中心。文循意出，园亦如是，秋水长天，秋容满园，日涉成趣。算是自我陶醉，两年多来的精力，没有白花，书生寻乐，如是而已，知我者必能解我吧！[注07]

豫园东部重建工程自1986年始，至1989年豫园建园四百周年纪念前夕竣工开放，历时两年余。工程实际上包括了修复、重建、再造三方面的内容。

07　陈从周．秋容 [M]// 陈从周．随宜集．上海：同济大学出版社，1990：17-18．

其一，豫园“东部”的修复范围：东至点春堂—老君殿—安仁里一线的边界，西至三穗堂—大假山区东墙—得月楼东墙，南至得月楼一区北边界—内园入口及豫园路，北至万花楼一区南侧围墙的范围。这个区域被称为豫园“东部”，是相对于既存的豫园“西部”——三穗堂与大假山一区和万花楼而言。实际上相对于豫园总面积而论，该区域几乎占去近一半，其重要性不言而喻。

其二，修复的内容和任务。修复工作面临的状况是 1950 年代修复之后又屡经改造，因此，在保留全部建成建筑的同时，首先要做的，是针对已被改为防空洞的水系进行恢复和整治。同时，重新梳理山水池岸、游赏线路、立峰栽植等园林要素，使之能够与其他既存部分构成一个整体，并在此基础上完成部分建筑的再造。

其三，是东部修复工程的扩展——内园戏台的迁建。戏台拟建位置在内园西北侧，此处原为城隍庙月清宫遗址，虽存久废，在 1950 年代略微修整之后，空地曾作为豫园的苗圃。这个区域之内的状况相对复杂，涉及城市居民动迁、历史文物迁建，以及部分建筑改造和修造。

下面从园林分析、修复措施两方面对豫园东部修复重建工程及其结果做具体的阐述。

园林格局

东部修复在总体格局上，主要是将此区域与周边其他若干景区之间的关系加以系统梳理。详述如下：

（1）在与三穗堂一大假山一区的关系上，通过与三穗堂相毗连的围墙，在墙上设置石洞，以达到连通景区的目的。（图7）同时，在石材的选用上兼顾墙体与石洞：在面向三穗堂一侧，使用黄石，以同大假山的风貌一致；而在经石洞转入九狮轩大池的转折、出洞处，以湖石堆掇，以与大池相对的流觞亭及新堆掇的湖石浣云假山相一致。两种石材在墙体处以石洞的形式自然衔接，于石洞暗处并未分明石材肌理，而出洞后，自由呼应，巧思如是。

图7・修复完成的豫园东部与三穗堂庭园连接的石洞
段建强摄

（2）重新排布并复原水系与九狮轩及其大池的关系，设曲桥一座，以明式无栏石板桥出之，分隔新建水系与既存水系，成为连接会景楼、流觞亭、新建石洞的关键：在桥上，南可观得月楼一区而减小会景楼过大体量之影响；北可观九狮轩一区，因适度拉开距离，而得获九狮轩在大池中的倒影全景；近可观流觞亭并至其小驻，远处浣云假山约略可见，如人将近山脚；至流觞亭，回望，又得览会景楼之全貌。一桥之设，此区胜迹尽得，于空间局促处，有一发全身之效，恰如绘画之险笔出之，实深思熟虑之结果。

（3）小桥之设，因在修复之初曾对水系作全面整理，且考虑了考古发掘得到的证据，待后文详论。另一方面，还因为将玉华堂前原有水泥地坪及花池一概拆除，降低园内地坪所得。因此，“亲水”池岸的轮廓，不仅要全面考虑区域内既存建筑的位置、式样、体量、高下等因素，还需整理和计算高程，以求全面。水系的梳理成为奠定东部景区修复的关键。同时，在会景楼正南通向玉华堂与得月楼之间间隙之地，亦设以桥，(图8)连通东部景区与南部玉华堂—玉玲珑、得月楼等诸景区；同样采用无栏平板式样，并与新建玉华堂—得月楼下之粉墙上的月洞门相对，约略有苏州艺圃的风韵。此处之格局，概可印证“动观”之精要。

（4）浣云假山。（图 9）在得月楼北部，脱开得月楼设置粉墙，粉墙高度兼顾得月楼一层北面“露白”处理，于墙下堆掇浣云假山，并将假山山脚向东延伸至粉墙相连的玉华堂北侧水系。堆掇浣云假山，乃东部修复重中之重。假山堆叠以“云”作为叠山的构思主题，与传统假山堆叠的一般认识与观念颇为不同；同时，兼顾明代追求孤立奇峰、山间磴道、游山曲径、涧谷溪流等做法，以扩展延伸部分之平冈小陂收尾，实现园景明代风貌的展现，起到统领东部区景观的核心作用。人们在会景楼、流觞亭等处稍作小憩时，可静观粉墙之下具有明代风貌的浣云假山，一如手卷渐次展开，足具卧游之趣。

（5）跨过几乎贴水而设的板桥，穿过新设月洞门，即至园中主要厅堂玉华堂西与得月楼之间的隙地。此处正对“玉玲珑”奇石，兀然耸峙，尽入眼中。奇石后设照壁，名曰“寰中大快”，恰似粉本泼墨，直追宋元遗风。此处空间格局较留园冠云峰内院又别成趣味。北回转至玉华堂内稍歇，堂前有积玉方池，正对奇石，并形成倒影，可谓“一石两看”“虚实相映、有无互生”，妙趣横生。再东望，积玉水廊横于大池东畔，又有“积玉”奇石隐约廊后。

△图8·豫园东部修复完成的会景池中三曲石板桥
段建强摄

▽图9·豫园东部修复完成的浣云假山及会景池
段建强摄

（6）绕过寰中大快照壁，即环龙桥。此时，水系向西过环龙桥而与湖心亭荷花大池相连通。环龙桥以明代石拱桥样式复建，移步之间，内园即至。西侧则为得月楼—藏书楼南面。至此，豫园东部修复工程的全部格局形成，将原有分散的数个景区和部分以传统的方式加以梳理、整合，而成格局、风貌俱皆统一的园林，使豫园得获“全璧”。

主要园林建筑

本次豫园东部修复工程中，依据考古发掘恢复了部分池岸，同时还有少量新的建设。主要园林建筑类型有廊、桥、照壁等，并增设隔墙和池岸栏杆若干。

（1）环龙桥。环龙桥在“玉玲珑”奇石之后，原本即有桥之设，在原豫园路由南向北转折处，依托水系而建，后多次改建而成宽大石拱桥。本次修复，结合文物勘探进行的考古证据表明，实际遗址并没有如此大的尺度，因此，将环龙桥尺度缩小，参照明代样式，复原重建。

（2）积玉水廊。积玉水廊是新的建设，偏于东部，靠近园东安仁里街道侧墙。北起会景楼，东折至老君殿西南，再南折十数步，由“谷音涧”东折，再向南延伸至玉华堂前区，以“积玉”立峰为对景而止。此廊之设，充分体现了“园林宜隔不宜露，宜隐不宜显，宜曲折不宜笔直”的空间特征，在有效组织多个景点、自身形成新的园林景致方面做了探索。

（3）寰中大快照壁。据明代文献，“寰中大快”本为明代豫园内一处桥上的铭文，此处引为照壁之名。照壁位于“玉玲珑”奇石之南，恰成奇石之背景，颇有“粉本”之妙，不仅对奇石起到衬托作用，还将靠近奇石的环龙桥及内园入口加以视线上的“隔”。而向南则正对其后的环龙桥，与内园隔环龙桥相望，形成内园入口实际的照壁。一举多得，可谓神来之笔。此处园景之修复，可说是园林“碎片”整合的佳例。

（4）平板曲桥，共两处。一处在流觞亭之北，以分隔九狮池与会景池；（图10）一处在会景楼正南会景池中，以连通会景楼景区与玉华堂、得月楼两景区。两桥俱无题款。

山石池水

首先是将防空洞拆除，并恢复水池格局。长期的渗漏、积

图10·豫园东部修复完成的分隔会景池与九狮池之三曲石板桥
段建强摄

水造成原有水系驳岸基础被破坏。因此，陈从周在整治水系的过程中，先对其范围和区域加以划定，然后才具体施工。在结合考古发掘证据与园林景区整体性的原则下，对东部园区的园林水系进行了调整。

（1）梳理并扩大九狮轩前大池。向南延伸至拆除防空洞后恢复的水系，并将恢复的水系与湖心亭大池相连；向西与万花楼原有水系通过穿墙水口相连接；向东与点春堂一区内水池水系相连通。

（2）防空洞拆除后，复原东部的水系部分，扩大水面形成会景池，并以之为核心，全面梳理包括湖心亭荷花池在内的豫园园林水系。会景池北接九狮轩大池延伸部分，但在连接处将水系形态变窄、变浅、变小，上设石板小桥，以分隔水系空间，增加游赏线路及驻足点；向南扩展水面至得月楼与玉华堂建筑边界，使两个建筑得以在水中形成丰富的倒影，而水中倒影的观赏点，正位于会景楼前将标高降低的堂前区、流觞亭和前述小桥之上。

（3）在梳理、修整东部水系的同时，向东扩展水系，并因就靠近安仁里民居的园林边界形成较为规整的驳岸。在其墙下，设积玉水廊，廊内设碑廊，以供游人观赏，在廊中可隔水与流觞亭相望，成一新景。

（4）沿积玉水廊水系向北，于老君殿南侧设“谷音涧”，此为新增景点；向南，跨过玉华堂东侧，堆掇积玉假山以为景区之间的过渡，并将积玉峰重新安置，正对水廊，成为点景。此区在空间尺度及景观意象上，似可与拙政园“小沧浪”相仿佛。

（5）绕过积玉假山，水面在玉华堂前区扩大，然其边界因就既存建筑玉华堂、得月楼、藏书楼所形成之围合院落空间，形成方池之格局，于得月楼东墙畔可观玉华堂与积玉水廊倒影，积玉立峰隔廊隐约可见。而身处玉华堂，又可将玉玲珑尽收眼底，其理与得月楼下水面一也。根据时在豫园管理处工作，后为豫园管理处主任的肖荣兰回忆，陈先生当时还提出两个“玉玲珑”之创见，概以此水池形态之扩大，而获“玉玲珑”奇石之倒影，并避免了游人无序攀爬奇石的尴尬。

（6）积玉池南“玉玲珑”与寰中大快照壁之后，水系西折，经过环龙桥，在得月楼正对之藏书楼南侧与湖心亭荷花大池相连通，至此而完成全园水系的贯通。

植物栽植

豫园东部修复工程区域之内，原有树种较为单一。除了原有的二十余株古树名木之外，此次修复几乎对整个东部的植物配置都作了重新的考虑。原围绕九狮池周边多为水杉，予以保留。另外除拆去原有防空洞之上的西式花坛外，还因就叠山理水，格局形成，添加了一些多年生落叶乔木、常绿乔木、灌木以及亲水植物等众多品种。这些品种与修复和新建的大池假山相配合，形成了豫园东部的主要园林景观。而且季节性的落叶乔木也与“宜秋”的主题相协调。主要植物配置见下表。

上海豫园东部植物分布情况表 *

植物名称	孤植 / 丛植	位置	备注
罗汉松	孤植、多株	会景楼东侧；流觞亭西	常绿乔木
香樟	孤植、多株	会景楼东侧、北侧；石洞东侧；流觞亭西北	常绿乔木
五针松	孤植	浣云假山东	常绿乔木
紫藤	孤植、多株	会景楼西侧；浣云假山东	落叶灌木，有花期
刺槐	孤植	石洞东南侧	落叶乔木
黑松	孤植	流觞亭西	常绿乔木
腊梅	孤植	流觞亭西	落叶乔木，有花期
芭蕉	丛植	玉华堂北东、西	常绿草本，有花期
枫树（三角枫等）	孤植	会景楼南	落叶乔木
石榴	孤植	会景楼西	落叶乔木、有花期及果实
栀子树	孤植	会景楼西	落叶乔木、有花期及果实
白玉兰	孤植	会景楼南	落叶乔木，有花期
黄杨	丛植	会景楼西	常绿灌木
海棠	孤植	会景楼北	落叶灌木，有花期
桂花	孤植	玉华堂西	常绿灌木，有花期
女贞	丛植	玉华堂西	常绿灌木
含笑	丛植	积玉假山	常绿灌木
茶花	孤植	玉华堂西	落叶灌木，有花期

* 此表系据 2010 年 10 月间作者于豫园东部现场调查之部分结果整理，亦参照了陈业伟所著《豫园》第 185 页相关资料，并非东部修复原始植物配置状况。

修复措施

深入研究园史及现存优秀实例

据多位当事人回忆，修复过程中，陈从周一面对修复工程进行统一考虑，一面为参与工程的人们讲解豫园的历史，正如他自己所言："旧园修复，首究园史，详勘现状，情况彻底清楚，对山石建筑等作出年代鉴定，特征所在，然后考虑修缮方案。"[≡08] 在对豫园的历史加以研究的同时，陈先生还为工人具体讲解传统园林的基本原理和特征，并带领大家多次赴苏州考察现存苏州园林的优秀实例。往往一个细部也要反复琢磨、认真研讨，待思考成熟，方才开始动工。

据蔡达峰回忆，为了环龙桥的设计工作，陈先生要求他先研究中国传统石桥的基本特征、设计特点，同时，实地考察多处实例，反复研讨，然后再动笔画设计图样。诸如游廊栏板的灰砖砌筑等细节，也往往是考察实例、反复论证、画出图样相结合，然后根据现场情况调整设计后才确定下来施工完成的。并且，相对于严格的施工而言，陈从周采取了更为传统的方式，那就是按照现场的实际情况，根据自己的经验判断以及工人具体的工艺水平，"做做看看、看看做做"，而这，或许是传统造园家如张南阳在晚明的基本造园方式。

08　陈从周．说园（五）[M]// 说园，101．

然而，此时的豫园是作为一个“传统园林”而不是传统“园林”被修复的，其首要的属性已经从具体的园林对象变成了“文物保护单位”。在修复过程中，不仅要针对其已经建成的部分进行合理和有效的保护，更为重要的是，对于一个已经不太“像”园林的区域，如何通过修复重建工程使之恢复“传统园林”的园林意象。这项工作与具体的建筑文物保护工作截然不同。

对于具体建筑而言，其风格、样式、材料、工艺以及建造都可遵循一定的程式，有其普遍性，而工匠的技艺传承则有明显的地域特征。这部分包括新建的部分，比如环龙桥、积玉水廊、寰中大快照壁等，都还是相对明确的工作。至于恢复园林意象的目标和结果，虽然有明确的“复旧观”的传统价值观，但是，对于实际的修复工作而言，却很难提出相应的标准和原则，实际上这才是最富有挑战性的工作。

因此，豫园东部重建工程中，陈从周在大量考察、研究现存优秀实例的同时，仍然要有一个主题和构思，统筹思考建筑、山水、置石、栽植等，并将园林作为一个系统的整体加以考虑。

结合考古发掘的科学依据

但是，豫园东部重建也并非完全没有依据而按照陈先生自己的意图“复原”。据蔡达峰回忆，在复原之初，现场状况复杂，尚有考古发掘的工作，发掘出的明代驳岸残存木质桩基成为水系范围和驳岸形态的依据，同时发现的明代环龙桥的桥基遗迹，为准确恢复园内建筑景观奠定了考古学的科学依据。

这些科学考古发掘工作的开展，为准确恢复某些历史碎片提供了实证依据，考察过程已不单纯是在案例参照的层面展开，同时还兼具针对特定材料使用、加工和技艺的实证研究，这些也都为园林修造提供了基本思路和解决问题的现实策略。

具体修复措施：修复、修建、重建、再造

在具体的措施上，由于场所复杂的状况，豫园东部的修复实际上已无法按照《中华人民共和国文物保护法》中所规定的“不改变文物原状”[09]的原则进行，而是采取了多种措施对场所进行适度的干预。主要措施分别述之如下：

（1）修复。对于如九狮轩、老君殿、会景楼等既存建筑，

09 《中华人民共和国文物保护法》第二十一条：“……对不可移动文物进行修缮、保养、迁移，必须遵守不改变文物原状的原则。”

豫园全园剖面图

同济大学景观学系二〇一五级本科生
二〇一七年上海豫园测绘实习成果

测绘 罗榕蔚

1:200

0 1 2 4米

采取了严格的修复措施。老君殿建于清代，原为铁业公所所在地；1949 年前后已逐渐由豫园之内分出，三面临街；1950 年代被划归豫园内部，但建筑仅作适当维修；在此次东部修复中，又对其进行了一定修复。另如九狮轩、会景楼等，均为 1950 年代的修复工程所重，但亦历经数十年；此次并未对之进行否定，而是采取修复的措施，采用“不改变文物原状”的方式，包括九狮池周边驳岸，亦按照这

一原则进行。

（2）修建。对于被改建为防空洞的水系，采取了修建的措施。一方面，针对考古发掘的池岸形态调整后期改造的错误，将水系恢复到原有的规模和形态；另一方面，对已无从考证的部分，采取了因就原有式样的建设，所谓“修复”“建设”同时进行，以达到风貌的统一。对玉华堂、

豫园全园剖面图

得月楼一区的部分景致的组织，也采用这样的方式进行。

（3）重建。主要是环龙桥的建设，还包括一些立峰、奇石的迁移及重新安置。如前所述，原有环龙桥在尺度和样式上，均非“文物原状”，而如何复原的问题也较为突出，在恢复被改建为防空洞的水系的同时，环龙桥的复原也是相对重要的一个问题。在这里，陈从周和蔡达峰选择以“重

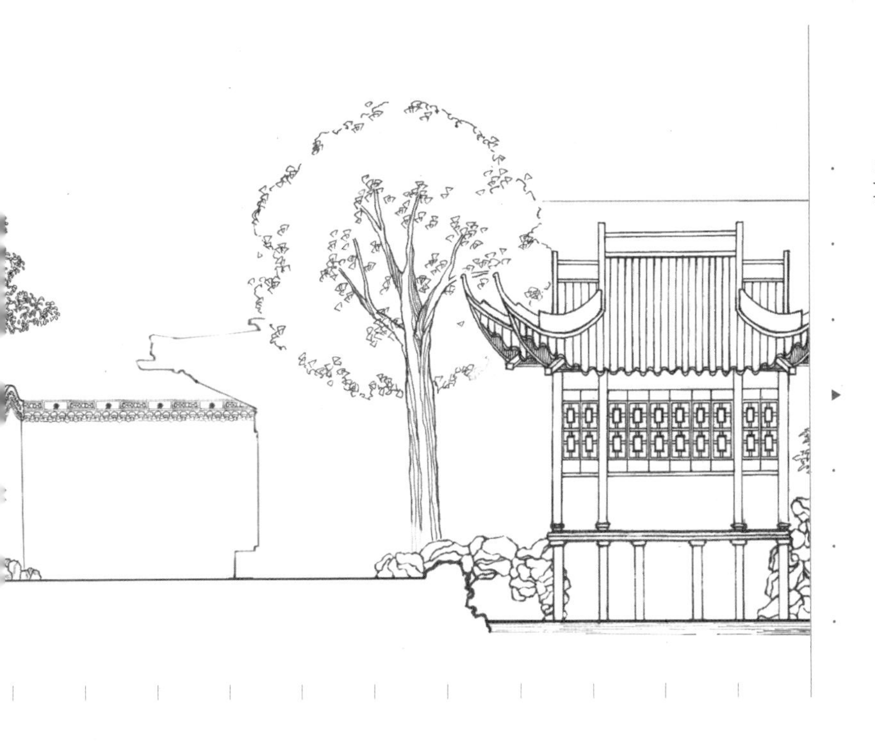

建”作为修复的具体措施。当然，“重建”为明代石拱桥，这一风格的确定则是对文献研究和实地考察之后，在整体性修复原则的基础上作出的选择。

（4）再造。这主要是在浣云假山、积玉水廊、谷音涧、得月楼一侧粉墙，以及寰中大快照壁等处使用的原则。由于场所在这些部分的原始信息已荡然无存，而要恢复格局

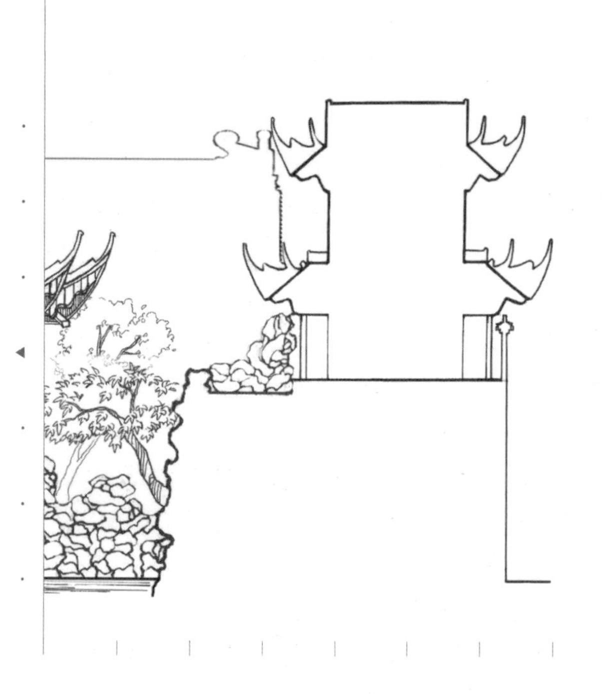

豫园全园剖面图

及风貌，势必要进行一定程度的重建，才能达成修复的目的，因此，在有限的区域和局部，陈从周选择采用“再造”的方式，呈现出他认为的“明代园林”。这一方面需要对明代园林历史及风貌做透彻的研究，另一方面，还要对具体的兴造工艺，如堆掇假山等工艺有深刻的理解，方可达成。同时，诸如粉墙与照壁的设置，又不单纯是对园林内建筑“小品”的恢复，更是在空间结构和赏园方式上的全新组织，客观上讲，是园林艺术的再创作。因此将这种方式称为“再造”。

如上所述，通过豫园东部修复与重建工程，豫园再次以整体的“晚明”面貌呈现在我们面前，作为一个“传统园林”而存在。但是，重修仍然有其遗憾，主要表现在几个方面：

其一，湖心亭作为豫园之一部分，仍然没有实现。堪称明代豫园“中心”的湖心亭一区，历代已将其作为豫园的显著标志甚至是代表，却因为产权关系的复杂情况，并未能借由豫园东部的重修工程而回归豫园。这令陈从周感觉颇为遗憾，甚至引为“终生憾事”——尽管做了多方面的努力，但仍然面临非常多的现实问题，最终不得不放弃将这一自清代以来就成为豫园“之外”的部分归复豫园“之内”的想法。

其二，在居民动迁的问题上，老君殿东侧居民，并没有完成彻底的动迁。因此，积玉水廊背后，仍然是两层的居民楼，一面临水，一面粉壁，是不得已而为之的做法。虽然廊的空透轻盈之态颇受损失，但积玉廊滨水而设，增加了空间层次，并且在廊内增设碑廊，使得这一缺憾并不是十分明显。

其三，虽然将部分原有城市道路并入园内，但是，由于临街商铺众多，仍然未能将园林边界完全恢复，只能因就商铺背面作有限的空间调整。如原有东部与内园之间的豫园路部分取消并入园内，虽然增设了一个出口，但是出口与内园、环龙桥等处距离局促，出门便是原有商业铺面，实有未尽之憾。当然，这同湖心亭是否纳入豫园之内的争论亦有一定关系。这类问题还在原有点春堂与老君殿之间发生，虽然在此重建过程中未能解决，但在后期工程中通过动迁居民而得以完善。

尽管有众多缺憾，但豫园东部的修复工程毕竟为这座传统历史名园的存续和再生提供了更为完整的物质呈现和文化表达。陈从周在其晚年，终于得以全面实践自己深思熟虑数十年的造园理论，正如一百零三岁的苏局仙先生书赠陈从周对联云：

> 山水外极少乐趣；
> 天地间尽是有情。[10]

这可以说是对陈从周一生遍游湖山、个人性情的真实写照。对陈从周而言，“天地间”“山水内”的核心，正是传统园林所承载的文化，这不仅是其学术生命的价值体现，更是他以个体生命与园林之互动而达到的生命和情感的托寄。

10　陈从周．蓬岛仙湖 [M]// 陈从周．园韵．刘天华，编．上海：上海文化出版社，1999：302．

明代豫园门额及粉墙秋意

倦鸟投林云返岫

第二章 楠园之构

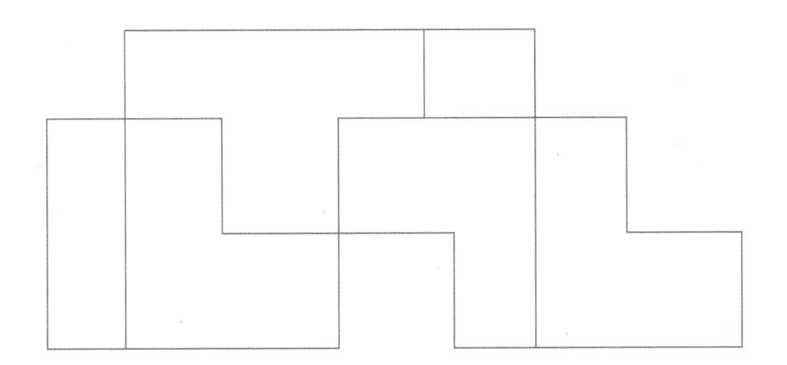

楠园小记 *

陈　从　周

安宁有温泉，昆明之胜地也。昆明景物，四季长春，世人所向往者，安宁县邀余游，居之真神仙高境，山水信美。遂有构园之思，以为游人憩息之地。园有水一泓，倚山垒石，亭馆参列，材采楠木，为之故曰楠园。园可以闲吟，可以度曲，更容雅集举觞，秋月春风，山影波光，游者情自得之。

辛未秋园成为记

* 出自：陈从周《世缘集》，同济大学出版社，1993：285.

楠园实景

东南园门门头

风月一丘壑，
今古几楼台

曲槛俯清流，
晴空摇翠浪

樟园之松

春花秋月馆与大假山

朱阑聊掩映，
夕阳低户水当楼

高林弄残照，
幽壑舞回风

大假山

倦鸟投林云返岫

西园门与磴道

棹园之校

春从何处来，
试向西边问

春影廊

楠园之构

楠园之松

音谷峰

秋水盈盈魂梦远，
春云漠漠音期悄

人去月侵廊，
花下凌波入梦

层叠

游丝卷晴画，
斜阳微放柳梢明

随宜轩前望远去

光影之一

竹色苔香小院深

春透水波明，
池上楼台堤上路

第二章

楠园之构

曲房花气霭，
清风明月好时光

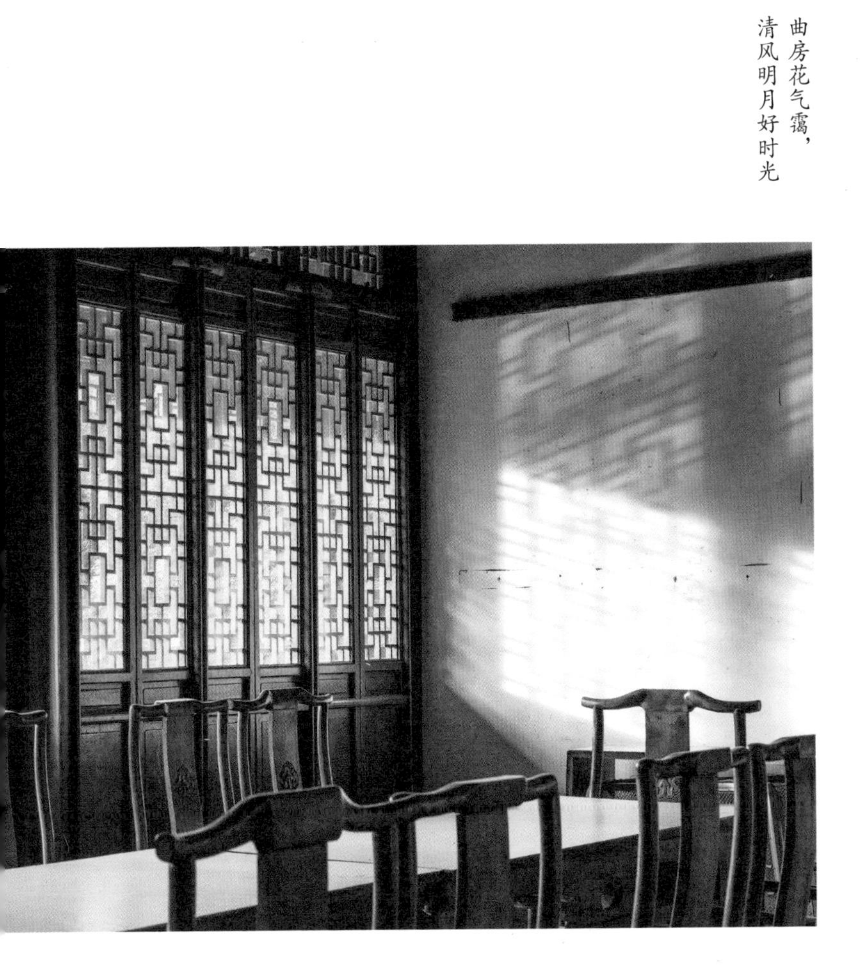

春花秋月馆室内

雨余芳草斜阳

光影之二

楠园平面图

测绘 杨 晨 2018年3月

11
12
13
14
15
16
17

1:500

0 2.5 5 10米

阶前花影乱，
桥下水声长

三折石桥与山洞

△▽楠园鸟瞰

楠园鸟瞰

主厅与假山

楠园的相地与布局

周　宏　俊　　丁　歆

楠园概况

楠园位于昆明郊区安宁市，位置在百花公园内、百花山南坡，占地十亩，掘池筑山，因用材楠木而得名。楠园为陈从周先生于 1989 年至 1991 年间经营谋划、监督建造而成，是陈先生唯一完整建造的新园，依江南园林为蓝本而自出机杼。陈先生在楠园落成时有《楠园小记》记其概况（详见本章起首）。（图 1）

除此之外，关于楠园陈从周先生并没有专门文章。楠园于 1991 年 12 月竣工之后，《解放日报》《新民晚报》等有专门报道，安宁地方记者邓煦女士为此撰写了一篇名为《安宁楠园修建始末》的报道，并修改补充为《楠园春秋》一文，2009 年发表于安宁地方期刊《螳螂川》，主要记录了陈从周先生设计、建造楠园的缘由与经过。多年后，当时随陈从周先生参加楠园设计的两位弟子路秉杰、刘天华分别写有《云南昆明安宁楠园再访记》和《楠园的营造》，收录于 2014 年出版的《园林大师陈从周》一书，重点从园林景观与园林空间的角度展开了深入剖析。此外，《安宁县志 1989—1995》对楠园也有相关记载。

图1・陈从周先生（左三）1991年在楠园竣工典礼上
楠园管理处提供

项目背景

项目起因

楠园项目由安宁地方政府邀请陈从周先生主持。项目动议于 1986 年，据邓煦女士《楠园春秋》，楠园项目源自当时安宁县城建局副局长李康祖的构想。据李康祖回忆，其于 1985 年参加同济大学主办的为期一年的城建干部学习班，班主任是阮仪三先生。期间，他听过陈从周先生的园林艺术课，其中讲到了明轩，并参观了苏南一带的传统园林，颇受触动。结合安宁当时大规模的城市与文化建设，李康祖遂有在安宁建造园林的念头。陈从周先生于 1989 年开始相关工作，项目于 1990 年 4 月 29 日动工，1991 年 12 月 17 日落成。

关于由李康祖提议造园的说法，也得到时任安宁县委书记冯立学、县长段文的印证，并且由主管领导同意，这一提议才得以落实。冯立学回忆，当时正值安宁县工作重点从乡村转向城市、城市建设蓬勃开展的时期，县委、县政府层面也很重视文化建设，考虑安宁这样一座工业城市如何加强文化建设。此外，当时财政与城建费用比较充裕，依据 1992 年的会计复查报告书，楠园项目工程花费近 240 万，在当地可承受的范围内。

事实上，在楠园项目之前，同济大学已经介入了安宁的规划工作。安宁县于 1986 年，在 1982 年首版总体规划的基础上编制了新一版总体规划，将城区面积从 3 平方公里扩展至 10 平方公里，并在 1988 年委托昆明市规划设计研究院与同济大学完成了 3 平方公里的详细规划，当时同济大学主持这一项目的是朱锡金先生。正是根据新的规划，安宁县开展了较大规模的城市建设，除了市政道路、公共建筑外，百花公园是较大的公共园林景观项目。楠园项目可以说是这一系列城市建设中的一环。

过程概要

陈从周先生首次到安宁应是 1989 年。因陈先生于 1990 年春节写有《滇池虽好莫回头》一文，其中提到 1989 年夏由李康祖陪同首次来到昆明，并明确说到他来昆明不是旅游，而是为了楠园项目，在现场开展实地调查并完成园林的构思。安宁县城建局 1992 年的楠园工程决算书里包含了前期费用，陈先生的首笔差旅费于 1989 年由城建局支付。

陈从周先生首次到安宁县住在温泉镇龙云别墅，逗留约四五天时间，期间与政府领导首次碰面商讨造园一事。据冯立学与段文回忆，商讨中谈及陈先生对实现一个完整造园作品的期待。也正是安宁有条件实现陈先生的愿望，尽最大可能满足陈先生的设计条件，这让陈先生决意在安宁造园。陈先生在安宁期间向当地领导及相关人员赠送了许多书画作品，冯立学保留的多幅书画作品上落款为“己巳暮春”或“己巳四月”，也证实时间为1989年。其中一幅墨竹图上题有“欲向昆明寻粉本，楠园来日两三枝”一语，已有园名，表明造园一事已定。陈先生回到上海后向冯立学等写了一封信，表明已谢绝了赴美造园的邀请，表态将把楠园项目做好，提出“西南风景甲天下，安宁楠园冠西南”。

事实上，在陈先生1989年到安宁之前，安宁方面已多次联络。邓煦女士《楠园春秋》称，安宁县为请陈从周先生造园先后“三顾茅庐”，首次是1986年李康祖登门邀请。据朱锡金先生回忆，当时他确曾陪同李康祖到陈从周先生家商讨造园一事。据李康祖回忆，当时陈先生并未表态同意。1988年县长段文带队到同济拜访陈从周，据段文回忆，当时并未见到陈先生。

楠园之名如陈先生所说“材采楠木，为之故曰楠园”。关于用楠木建园，在陈先生首次到安宁前，业已由李康祖与其商定，这也是由李康祖提出的构想：云南多楠木，何不以楠木为材？陈先生对楠木也极为重视，如路秉杰先生回忆的，在其古建筑考察研究生涯中，陈先生凡遇楠木厅都是必看必考。而陈先生用楠木并非首次，在其主导的明轩项目中也使用了楠木。

陈从周先生于1989年开始带领研究生着手这一项设计工

作。据路秉杰先生《云南昆明安宁楠园再访记》，当时参加设计的主要有路秉杰、刘天华与蔡达峰三位，当时的施工负责人张建华也忆及这一点。陈先生在一篇名为《陈从周谈学问之道》的文章中也提到，几个研究生参与了设计与制图。据几位当事人回忆，在陈从周先生的带领下，刘天华主要负责总图，路秉杰负责主要建筑物，蔡达峰负责小品建筑物。施工以及现场督造主要负责人为常熟第三建筑安装工程公司的张建华，也是豫园与水绘园施工的主要负责人。据冯立学等回忆，当时陈先生设计建造楠园是自由发挥，并未受到当地政府意见的干预。

楠园的施工于 1990 年 4 月开始，陈从周先生于 1991 年 4 月再次到安宁，此次停留约半月，在施工现场进行设计调整与督造。上述安宁县城建局 1992 年的楠园工程决算书里也有相关的费用支出。在 1991 年 5 月写就的《小城春色》一文中，陈先生提到因楠园现场工作而病倒一事。楠园于 1991 年 12 月竣工，陈先生参加了竣工典礼。陈从周先生在 1992 年 1 月初写就的《昆明鸥群》中描述了当时的心境：“我远道而去，兴奋愉快的心情不言而喻。”

楠园于1991年年底竣工后，1999年经历了一次局部翻修，主要是针对春花秋月馆以及服务区的建筑，后者所在时名安宁小街。2018 年经历一次整体大修，涉及绝大部分建筑物与绿化植被，假山驳岸等则维持原样。施工都由原单位负责。

基地环境

陈从周先生 1989 年首次到安宁开展调查，为楠园相地择址，定位于百花山南侧半坡。

此时，安宁城市建设刚进入蓬勃发展初期，城区范围尚较小。根据两版《安宁县志》（分别为 1912—1988 与 1989—1995 年），对比分析可知 1989 年的城区主要包括螳螂川西侧的迎川路、公园路、金方路、小桥街等范围，楠园所在地已经是城区的南侧边缘。现在连接楠园东南入口的主干道中华路，其时刚刚开工，直至 1991 年 6 月完工。而楠园基地所在的百花公园是在依托百花山的基础上，从 1981 年开始逐步建设，1988 年初具规模，面积达 130 余亩，是当时安宁县城的主要公园。（图 2）

百花山是城区内的小山，在 1989 年时在山上山下已经建成了儿童乐园、读书楼、茶楼等设施。1912—1988 年的《安宁县志》中有两张以百花公园为主要对象的全景鸟瞰照片，一张视点位于百花公园以西，从西往东看，另外一张视点位于公园以南，从南往北看。从两张照片中可见百花湖的完整湖面，百花山较为低矮，中部、北部植被较好，南部可见一组傣亭和两座约 6 层的住宅楼。百花湖建成于 1987 年，水面面积近 2 万平方米。傣亭即为读书楼，建成于 1986 年，包括大小 3 座二层亭，廊道相接；住宅楼为当时县医院的家属楼，

图2·1980年代末安宁城市发展范围示意
丁歆以1995年城市地图为底绘制

约在2005年后才拆除；现在的体育馆建成于1991年，照片上为一片裸地，疑似为建设体育馆刚刚清理出的场地。第二张照片上显示百花湖西的人民银行大楼已经建成，该楼建成于1989年，并沿用至今；傣亭读书楼以南、县医院住宅楼以东正是楠园的基地，其时为一片较为平坦的空地，据李康祖回

图3·1989年由西侧俯瞰百花公园
引自参考文献6

忆，该空地原为连然村的集体晒谷场，当时已弃用。据此推测，这两张照片当摄于1989年，正反映了陈先生当时相地择址的环境情形。（图3—图5）

从现在楠园现场看，楠园北侧围墙紧临傣亭，即便隔着大假山与茂密的树木，在园内很多地方依然能看到傣亭高耸的屋顶。而从1991年楠园刚落成后的一组照片看，由于植被尚未成形，两座傣亭远高于围墙及假山，分外夺目。而东侧围墙几乎紧贴住宅楼，安宁阁与住宅楼近在咫尺，从主厅对岸东望，住宅楼高大显眼，几乎扑面而来。另外，在园内，比如从主厅前可醒目地看到西南侧不远处的暗红色外墙体育馆，此馆为1991年建成，略先于楠园。（图6—图12）

据李康祖回忆，当时他住在医院家属楼里，从阳台上可俯瞰这一空地，觉得适于建园。李康祖向陈先生推荐了这一场地，陈先生也到该楼上看过该场地，并选定为造园基地。《楠园春秋》一文也称陈先生正是站在医院住宅楼5楼上，看到并选定了这块地。从当时照片看，傣亭之南、住宅楼东，基本是一块平地，

图4・1989年由南侧俯瞰百花公园
引自参考文献[6]

图5・1989年楠园基地周边要素示意图
周宏俊绘

图6·1990年代中后期由南侧俯瞰百花公园
引自参考文献[7]

图7·建成初期的春润亭一角及其后园外的傣亭
楠园管理处提供

图8·建成初期的大假山及其后园外的傣亭
楠园管理处提供

图9·建成初期的春花秋月馆及其后的住宅楼
楠园管理处提供

图10·建成初期的安宁阁及紧邻的住宅楼
楠园管理处提供

图11·建成初期的楠园西部及西侧的体育馆
楠园管理处提供

图12・建成初期从春花秋月馆北侧看园外的体育馆
楠园管理处提供

图13・建成初期的春花秋月馆及其北侧的高大树木
楠园管理处提供

并无太多绿化树木。此外，楠园的水系是用人工手段从螳螂川提取而来，汇聚成水池后从西北角也是经排水管道再排入百花湖。若单纯从造园相地角度而言，此地并非完美，陈先生选址于此，当有另外的思考或因素在内。

从 1991 年这组竣工照片看，园中也有高大的树木，高度超过 10 米，主要位于南部服务区内，主要为桉树。东北角也有几棵高大的柏树，与围墙外百花山上的树林连成一片。这些树木应该是基地上原有而被保留的。（图 13 — 图 15）

图14·建成初期的春影廊及其后侧的高大树木
楠园管理处提供

图15·建成初期从春花秋月馆前平台看楠亭及服务区的高大树木
楠园管理处提供

相地布局

总体布局

陈从周先生在《说园》里有论："造园在选地后，就要因地制宜，突出重点，作为此园之特征，表达出预想的境界。"意思是造园要有景观上的主题，并举例说明圆明园是"因水成景，借景西山"，寄畅园"景物皆面山而构，纳园外山景于园内"，等等。

《楠园小记》中有一段描述："园有水一泓，倚山垒石，亭馆参列，材采楠木，为之故曰楠园。"可见关于楠园的主题，除了用材楠木极为宝贵，景观上的山水格局、一亭一馆等重要建筑物的方位与对景，皆为要点。这也契合了陈先生在《说园》中引用的沈元禄的名言："奠一园之体势者，莫如堂；据一园之形胜者，莫如山。"

全园东西向较长，约 120 米，南北向较短，约 80 米，全园面积 6000 余平方米。(图 16 一 图 18)

出入口分置于东西两端，除作为主景的中心区域外，共有 7 处院落或类院落可见，由东门起始，分别为入口山林磴道、方院、随宜轩后院、安宁阁山院、服务区、春苏轩前院、怡心居小院。共有题名建筑物 8 座，分别为鸳鸯主厅（东西两侧分别题"小山流水馆"与"春花秋月馆"）、安宁阁、随宜轩、

图16 · 楠园鸟瞰
杨晨航拍

图17·楠园鸟瞰
杨晨航拍

图18·楠园鸟瞰
杨晨航拍

春润亭、楠亭、春影廊、春苏轩、怡心居。(图19)

水池为中心区域，面积占全园近五分之一，略成东西长向纺锤形，主要建筑与景点如春花秋月馆、随宜轩、春影廊、楠亭、音谷峰、大假山、春润亭等皆绕水池布置，中心区域以东、西、南之外布置较小院落及建筑物与景点。

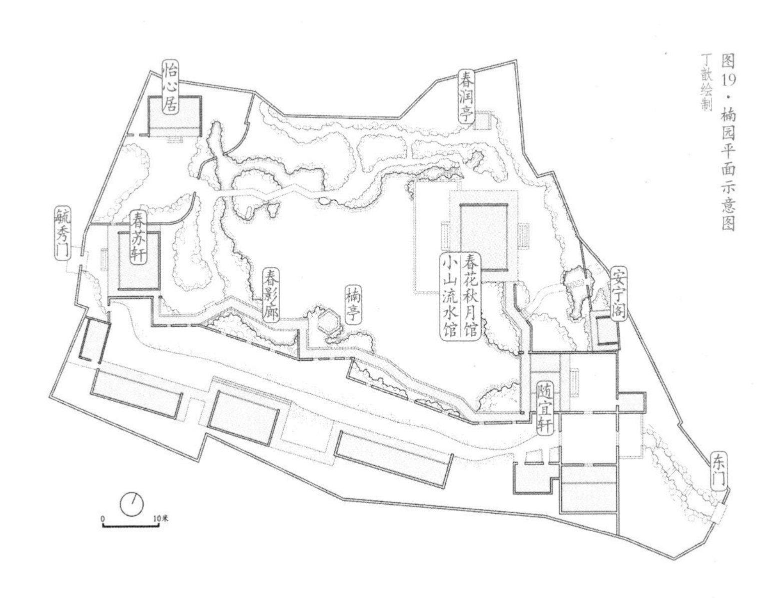

图19·楠园平面示意图
丁歆绘制

山水方位

全园以水池为中心，以假山为主景，山水互映。

大假山坐北而面南，似乎从北侧的百花山巅发脉而来，同时向东西两侧延展，化为数个峰石涧岛，有连绵之势。水系则由东南至西北延伸，北侧与大假山紧贴，呈弯曲之势。这正是陈从周先生在《说园》中所主张的模山范水之法："水随山转，山因水活"，"溪水因山成曲折，山蹊随地作低平"。两个重要建筑物（鸳鸯主厅与楠亭）与山水形成隔水对山的总体格局。（图20）

陈从周先生在《楠园小记》中称"倚山垒石"，楠园位于南坡，大假山正是布置于园林北部，呼应百花山势，类似于寄畅园真山脚下堆假山的做法，同时尽可能屏障围墙外已有的傣亭。

《园冶》有言："凡园圃立基，定厅堂为主。先乎取景，妙在朝南……"陈从周先生也持这一主张，楠园更是这一主张的充分体现。主厅坐东面西，主要是由于景观上的考虑。北侧有傣亭，东侧有住宅楼，而百花山巅及大假山又在北，主厅面西便成首选。《园冶》还有言："楼阁之基，依次序定在厅堂之后……"楠园于假山上造安宁阁，正位于主厅隔院东南方，同样面西而设，避开紧邻的住宅楼。

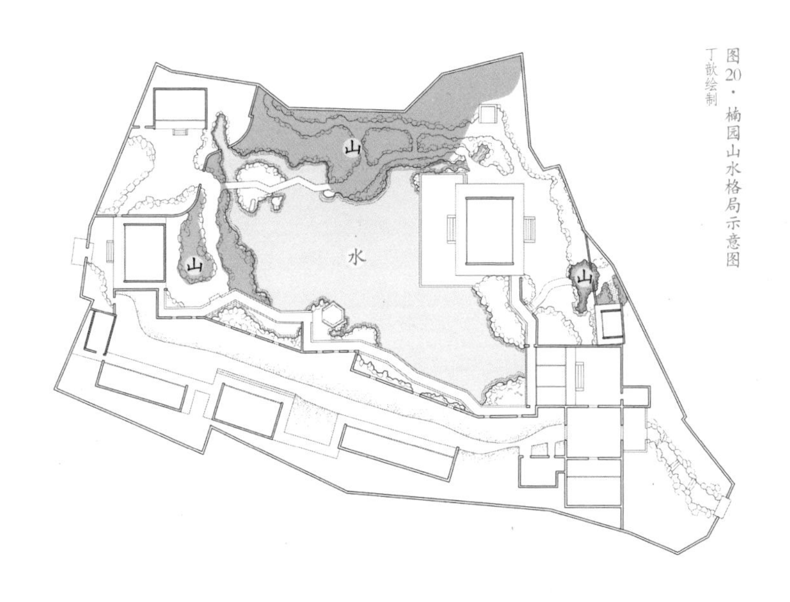

图20·楠园山水格局示意图
丁歆绘制

贴水依水

水池周边布置主要建筑物与景点，皆临水或贴水。池东为春花秋月馆，前有平台突出水面，并架设于水面之上；北与西为假山，局部突出水面为水假山，其间水洞潆洄，兼有离岛折桥，紧贴水面；南为长廊名春影，外有围墙，长廊局部跨水而过，与水池边界相交错，行进其间左右皆可看水，俨然水廊。

陈从周先生在《别有缠绵水石间》中曾说："小园用水，有贴水、依水之别。"同里退思园是贴水，苏州网师园为依水。

如此看，楠园兼用贴水与依水：北侧紧贴水面，“予人之感如在水中央”，其余三面依水。这种依水，也是陈先生在评价十笏园时所言“临池伸水，如浮波上”，主厅、随宜轩、春影廊等，都是如此做法。“故山不在高，水不在广，自有汪洋之意。”楠园中离岛折桥紧贴水面的做法与南京瞻园相类似，水廊则与拙政园西部长廊相仿佛。（图 21，图 22）

层次分隔

从水池的中心区域往四个方向各有层次：北侧大假山后、园外有百花山，林木蓊郁；西侧为怡心居小院及联系西侧园门的春苏轩，前者有月洞门连通，后者有假山林木掩映；南侧为服务区，与中心区域之间的折墙上开有多个漏窗，并有春影廊宛如遮罩；东侧层次与变化更为丰富，主厅之北为春润亭，东南为随宜轩，再东为假山及其上的安宁阁，为园中制高点，并有四方小院连磴道接东南侧园门。如此一来，从中心区域，无论往哪个方向望出去，视线都可穿透至临近的院落空间与景观，愈觉层次深远、空间无限。

“大小”与“分隔”可谓陈从周先生造园理论的要点之一。《说园》曾论：“园林中的大小是相对的，不是绝对的，无大便无小，无小也无大。园林空间越分隔，感到越大，越有变化，

△图21・楠园大假山贴水

▽图22・春影廊及楠亭依水

周宏俊摄

以有限面积，造无限空间，因此大园包小园，即基此理……”又论：“园林与建筑之空间，隔则深，畅则浅，斯理甚明，故假山、廊、花墙、屏、幕、隔扇、书架、博古架等，皆起隔之作用。”

另外值得注意的是基地上原有高大树木，在院落与空间的分隔之下，南部的高大树木被包入服务区内，与中心区域为春影廊及围墙所隔，从大假山一侧或主厅前望去，恰为陈先生所说的“大树见梢不见根”。而东北部则留有几棵在春润亭后，再后侧虽为园墙，树木却与园外连接成林，亦有扩大深远感的作用。（图23）

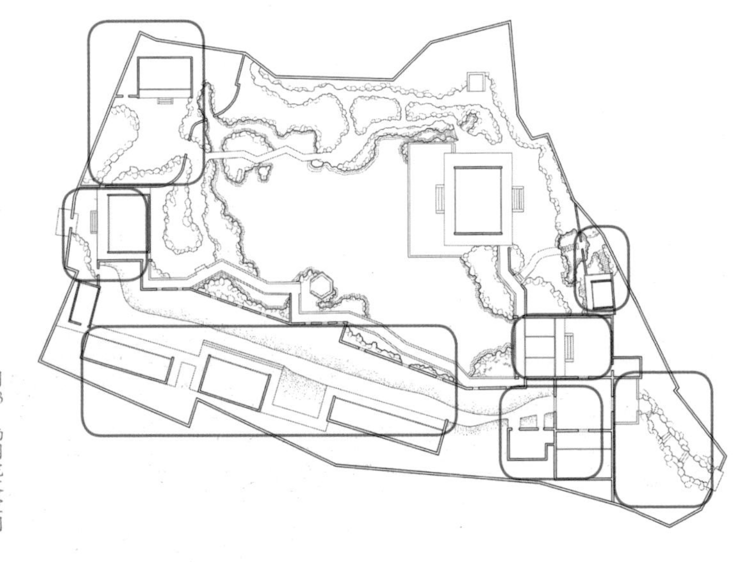

图23·楠园院落空间分割示意图
丁歆绘制

主厅对景

隔水对山是江南传统园林的典型空间模式，尤其就现存的古典园林而言，如拙政园远香堂对池中假山及山上雪香云蔚亭，(图24) 艺圃水榭对大假山，都是园中最主要的景观。其所对景的往往为高大假山，所对景象为左右舒展延伸的全景式画面。楠园的整体格局虽为隔水对山，却与上述二者又有差异。

楠园主厅向西为主要对景方向，而所对并非主要的大假山，而是春苏轩后较小的假山，以及其旁怡心居小院白粉墙与藏春月洞门。(图25) 春苏轩后的假山与大假山，以及二者之间的立峰置石形成断续连绵的山势。如此主厅所面向的并非主峰，而是余脉。事实上楠园水池东西长、南北短，略成狭长形，与前述拙政园、艺圃的隔水对山之法都不同，主厅所面对的并非全景，而是接近狭长幽邃的景深格局，水池南侧的楠亭及北侧大假山局部皆突出水面，有拦腰一束之势，更强化了东西向的狭长性。与此相对，楠亭与大假山突出水面形成明显的对景关系，从楠亭北望可获得大假山的完整景观。

这一格局倒与寄畅园有类似之处：知鱼槛与鹤步滩拦腰收束锦汇漪，一方面知鱼槛正对大假山，从知鱼槛可望见假山迫在眉睫；另一方面，这一收束使得水面更为狭长，从水池一端嘉树堂前顺水系长向望出去，所见景象愈显辽远。此外，锦汇漪在嘉树堂左侧延伸出水湾，接大石山房，这一构成关系与楠

图24・拙政园远香堂前对景
周宏俊摄

图25・春花秋月馆前对景
周宏俊摄

图26·寄畅园嘉树堂前对景
周宏俊摄

园随宜轩前水湾也颇为相似。（图26）

这一景深式而非全景构图式的对景，要诀在于深远。主厅前所对景之深远，由三种要素及其关系所构成。由主厅前望去，春影长廊由东向西曲折蜿蜒，向南一折而消隐于假山立峰、林木葱茏之后，假山与林木也是春苏轩的背影遮罩，用景观层次避免了建筑相对的尴尬；怡心居小院围墙上开月洞门，实中有虚，构成了庭院深深的景深效果；此外，水源由东南角引来，向西北角流去，经音谷峰所在的小岛，出流泉水洞门，制造了由近去远的水远意象。（图27）

图27·流泉水洞门
周宏俊摄

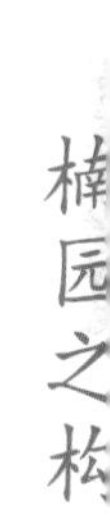

假山对景

在这狭长形水池的格局之下，楠亭成为对景大假山的重要视点。大假山的对面、水池南侧为长廊，左右曲折，高下宛转，水陆萦绕，顿折转换处立有楠亭。楠亭突出水面，对面的大假山也在对应位置突出一峰，使得视距更为接近。（图28）

陈从周先生在《嘉定秋霞圃和海宁安澜园》一文中论及假山对景之法：“江南私家园林在设计时，与假山隔水的建筑物，往往距山石不远。因为假山不高，其后复为高墙而无景可借，

图28・大假山洞口对景楠亭
周宏俊摄

所以在较近的距离之下，仅见山的片断，即是深谷石矶、峰峦古木，亦皆成横披小卷。”寄畅园内知鱼槛与对面假山及鹤步滩，也正是这一关系，拉近视距，更加凸显山势。

斜 正

楠园全园建筑物除了服务区三四栋建筑以外，都处于统一

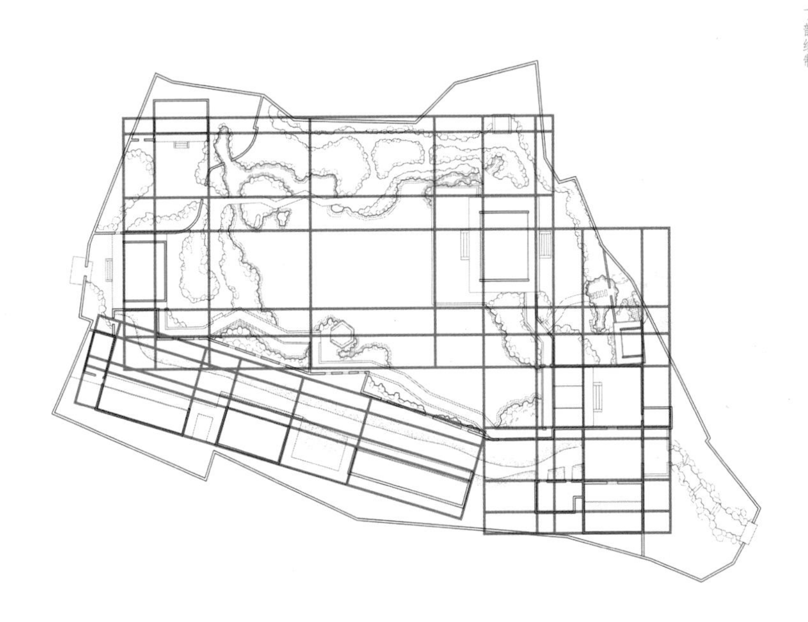

图29·楠园轴网关系分析图 丁歆绘制

的正交轴网体系控制之下，最典型的莫如楠亭西侧、南侧的两片隔墙，貌似随长廊而随宜曲折，其实与包括楠亭在内的主要建筑物均为一种正交轴网体系。而服务区几栋建筑，以及该区的若干院墙，自成另外一种轴网，与前者呈一夹角，形成了一正一斜的构成关系。（图29）

在建筑物构成的正交轴网体系之下，山石、水系、廊道、小径则如自然般微妙变化。随宜轩—音谷峰—藏春月洞门可连接起一条长视线，与其说音谷立石遮挡了随宜轩与藏春月洞门间的直接视线，不如说更诱发了这一长视线，并且向西可窥怡心居小院，向东可探随宜轩后院。

这是全园最显著的一条长视线，与春花秋月馆主厅所引导的对景及其东西轴线略成一角度，一斜一正，既显主厅之势，又生两可变幻。（图 30，图 31）

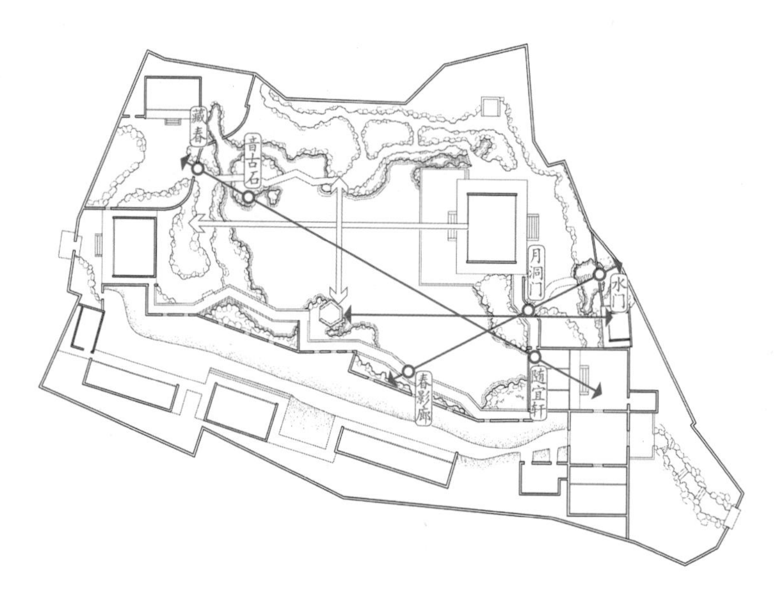

图 30・主要对景关系分析图
丁歆绘制

图31·随宜轩隔水远眺音谷峰与藏春月洞门
周宏俊摄

不尽

如前文所述，水池一区以外叠加了多个较小的院落空间，分隔成多个空间层次。院落与中心区域之间、院落之间，通过月洞门、漏窗、隔扇等在视线上联系，隔而不断，反而生出深远不尽的景观效果。尤其春影廊与其南侧折墙若即若离，而折墙上漏窗形式各异，使得春影廊与服务区之间互通消息，其间空间灵动、光影摇曳，真有春影之思。（图32）

中心区域的建筑、景点皆绕水布置，如春花秋月馆、随宜轩、楠亭、假山等，这正是江南传统小型园林的常规布局。此布局下，主要游线沿水一周，如同网师园的格局，时游长廊，时登山径，左右高下，颇多变化。

而楠园这一游线更体现了不尽的意蕴，其重要特点在于绕池一周，终无法看到整个中心区域的全貌。原因有三：水池在主厅左右两侧向东延伸，由水湾形成凹角空间，一处藏春润亭，一处安随宜轩；大假山在水池中部向南突出水面；并有其余置石立峰、建筑构件发挥障景作用。结果是无论从绕池一周游线的何处，都不能看到全貌，都留有不尽的深远之处。从几个主要观赏点，如主厅春花秋月馆前，视线为假山局部所隔，流泉水洞门一隅无法看见；藏春月洞门出来，春润亭隐于假山林木之后；即便在楠亭如此突出的位置，东向视线也为长廊、假山等阻隔，西南一角也不可得见。（图33—图36）

图32・春影廊及漏窗
周宏俊摄

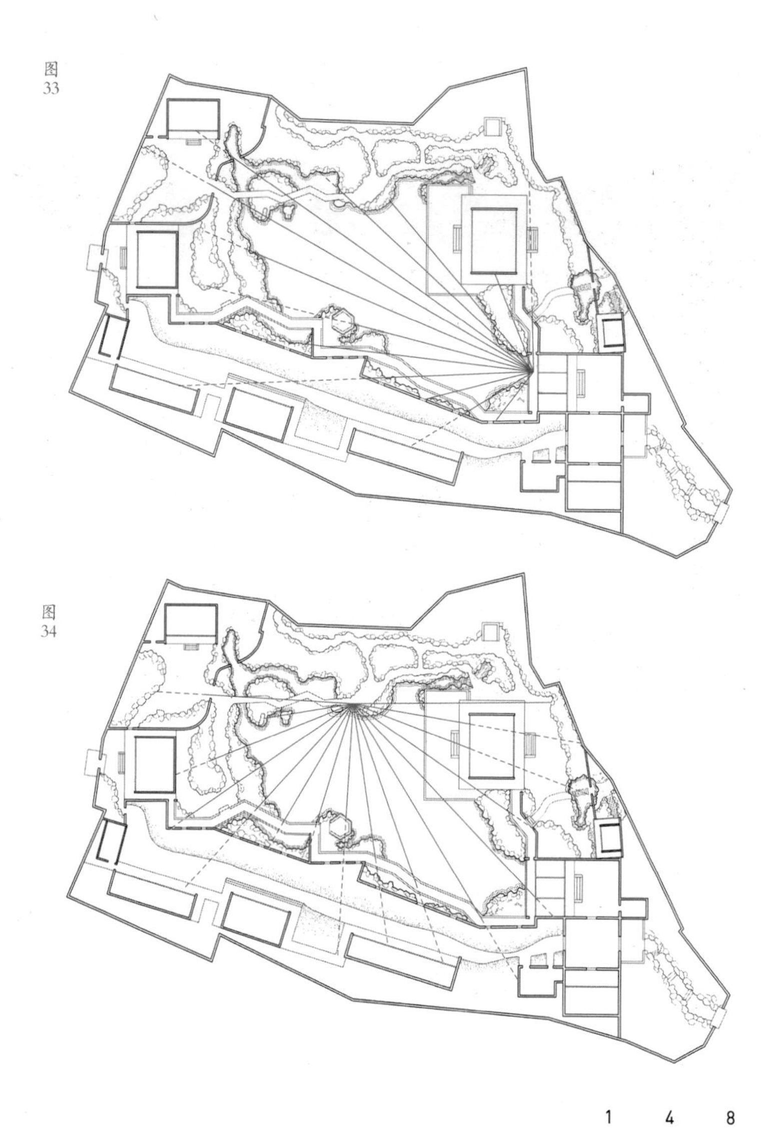

图33

图34

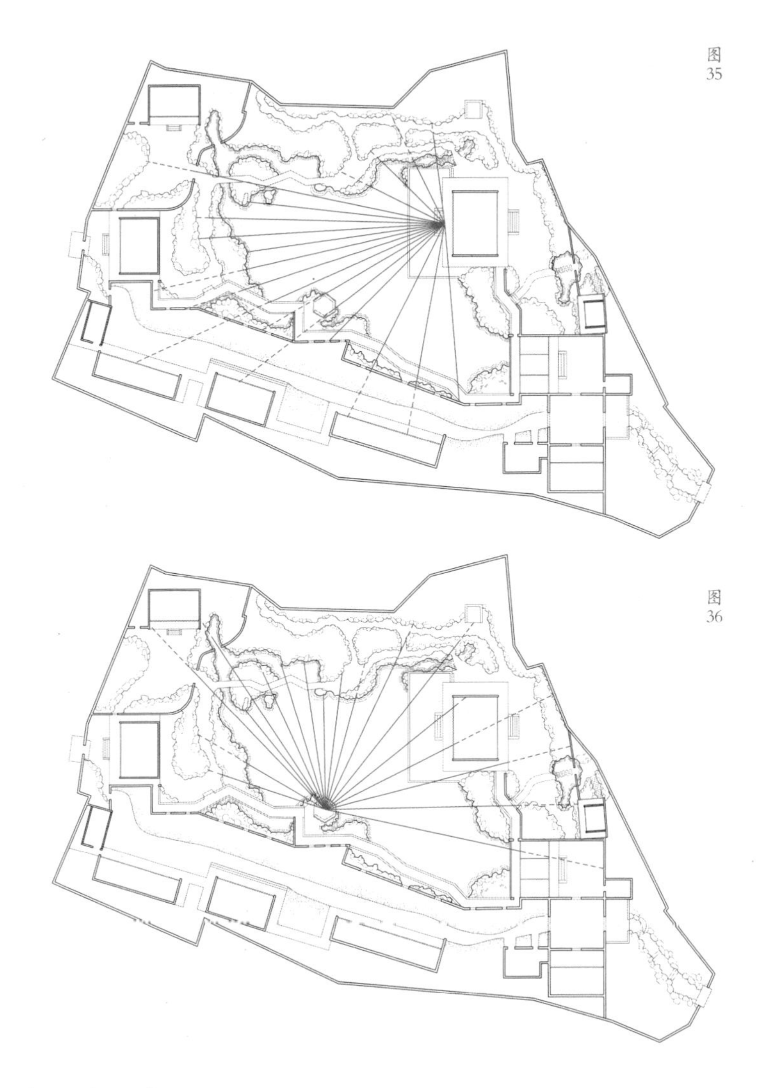

图35

图36

图33—图36・主要视点观景视线分析图

丁歆绘制

如此绕池周游，内外隐约连通，层层推远，沿池有可见，有不可见，景物须得寻觅。

对 比

陈从周先生论园讲究对比。《如何欣赏园林》一文中说："在中国园林中往往以建筑与山石作对比，大与小作对比，高与低作对比，疏与密作对比。"楠园之对比，在于自然与人工的对比，在于虚与实的对比，也在于要素组合的反差。

水廊与假山之对比。大假山与春影水廊皆东西展开，分列水池南北而相对。假山雄浑，从水面拔起，水廊空灵，架设于水面之上，二者形成对比之势，亦是人工构筑与自然山水的对比。（图 37，图 38）

山亭与水亭之对比。楠园有亭两座，一为楠亭，六角形平面，位置接近水池中心，突出水面而几乎三面临水，临空虚敞；一为春润亭，四方形平面，位置偏于园林东北角落，常为大假山所掩蔽，四面皆为山石围绕，东、西、北三面尤多竹丛，唯南面稍敞以供人行出入。一为水亭，一为山亭，一显一隐。（图 39，图 40）

山高与水长对比。园林营造与自然风景欣赏类似，山求其高，水求其长。楠园中于东侧单独设置小院，其内堆叠假山，假山几乎垂直陡峭，再在假山上建阁名安宁，以增山势，是全

△图37·大假山雄浑之势
▽图38·春影廊空灵之态
周宏俊摄

△图39·楠亭
▽图40·春润亭
周宏俊摄

园最高处。这一做法类似沧浪亭看山楼，位于园的一角，下有山洞，游人需先入山洞，幽谷森严，出山洞盘登上石梯达阁楼，才豁然开朗。其间大小、明暗、上下颇多曲折变化，使人有山高难于攀登之感。水系东西轴线与建筑群轴线呈一夹角，相当于从流泉水洞门至随宜轩拉出了一条对角线，这一偏转使得水系更为绵长。从随宜轩前顺这一视线望去，水面空阔，颇显辽远之意。

两个出入口之对比。楠园基地位于百花山南侧半坡，南北向有高差，西侧、东南侧两个园门入园，都需要登上一段台阶。这两段的台阶被处理为山径的形态，都使用自然形态的山石，磴道盘郁，立石嶙峋，树木亏蔽掩映，极富山林意趣。但两个园门又截然不同，西侧磴道在园门外，先盘郁而上，再入园林；东南侧则先入园门，院内俨然一派山林景象。一内一外，顿生变化。由两个出入口入园的序列亦各有意趣：西侧园门入园则为春苏轩，作待客停脚之用，简明直接；东南侧园门入园则为山林磴道，再入则为两层院落，未有功用上的暗示，只给人层层不尽之感。（图 41，图 42）

假山

据《楠园春秋》记述，关于楠园假山，安宁方面起初考虑

图41·西入口外磴道
周宏俊摄

图42·东南入口内磴道
周宏俊摄

从太湖周边地区选购太湖石，而陈从周先生考虑云南是多山多石之地，坚持就地取材。后在安宁县鸣矣河乡和晋宁县交界的地方发现一片山，裸石奇形怪状，颇具特色，得到了陈先生的认可，遂用于楠园假山的营造。

这种石头整体形态浑厚古朴，肌理颜色富于变化，表面有风化痕迹，局部呈微红，推测为略含铁的石灰岩。应当说比湖石厚重，比黄石圆润多变，颇具当地特色。假山整体形态兼具雄健硕秀，错落参差，开合有致，拙而多变，浑然一体。中部主峰高耸，堆叠凹凸参差，洞壑幽深，阴影斑驳，明暗对比强烈。（图43）

假山中构水陆洞壑、大小涧谷，有两条路径交汇。西部水

图43·大假山的形态与肌理
周宏俊摄

图44—图48·大假山内洞壑交错

周宏俊摄

图44

洞接贴水折桥，东部旱洞接园路。山洞高者可通行，低者仅可流泉。最大的山洞正对对岸的楠亭，成为极佳对景。洞内幽谷森严，阴翳蔽日，洞隙层层，宽者可过人，狭者仅可窥视。（图44—图48）

路秉杰先生认为假山森列如林，是对石林的写照。确实，假山有一大特点，即中间有一坑穴，进入假山穿过一小段山洞

图45

图46

图
47

图48

可至，仰可见天，四围山石为绝壁状，确实“森列如林”，尤其有两石峰相夹，呈一线天景象。洞隙之复杂、坑穴之森严，在昆明的几个假山作品中也可见几分端倪。（图 49）

图 49・一线天
周宏俊摄

现昆明大观公园有大假山彩云崖以及云起石等多个中小型假山，庾园中也有假山，都为民国名家赵鹤清的叠山。形势极力向上，山上立峰较多，山中多大小洞隙，常用坑穴表现四围皆山的意象。这几点都在楠园假山上得到了一定体现，因而某种程度上可以说，陈从周先生造楠园假山的创新不仅仅在于地方材料的选择，更在于对地方山水特征、造园传统的关注与借鉴。（图 50）

图50・赵鹤清所叠云起假山
周宏俊摄

渊源相承

陈从周先生在《说园》中结合现存园林实例展开关于造园法则的论述，同时援引了大量园林诗与园记。就园记而言，有王时敏的《乐郊园分业记》、杨兆鲁的《近园记》、张岱的《陶庵梦忆》所记仪征汪园等，而尤为突出者是钟惺的《梅花墅记》，篇幅最大，论述最详。

陈先生行文中先在论及“园林有大园包小园”一说时引用了钟惺的园记，再提出“园外之景与园内之景，对比成趣，互相呼应”，并认为这是相地的要点。陈先生评价其“而使水归我所用，则以亭阁廊等左右之，其造成水旱二层之空间变化者，唯建筑能之”，并强调“园必隔，水必曲”，对梅花墅园中的水廊评价颇高，认为拙政园西部水廊可与之相媲美。而陈先生对拙政园西部水廊向来推崇备至，早在《苏州园林》中就称：“廊复有曲折高低的变化，人行其上，宛若凌波，是苏州诸园中之游廊极则。”

特别值得注意的是，有鉴于这一相似性，陈先生认为二者手法存在渊源关系，“知吴中园林渊源相承，固有所自也。”并专门写有《苏南园林渊源相承》短文加以详述。而楠园中长廊蜿蜒，与拙政园西部水廊有异曲同工之妙，陈继儒的《许秘书园记》描述梅花墅水廊为：“修廊曲折，宛然紫蜺素虹，渴而下饮”，这几乎也可以作为对楠园长廊、拙政园西部水廊的贴切修辞。而由梅花墅水廊产生的“水旱二层之空间变化”，楠园的长廊做法几乎是对这句论述的具体化：驳岸、长廊、围墙错综交叠，产生了水旱空间的四次交替变化。

此外，楠园长廊名为“春影”，由陈先生自题匾额，与梅花墅“流影廊”之名如出一辙。借用陈先生的话，“园林渊源相承，固有所自也”。陈先生造楠园本意即以江南园林为蓝本，楠园正是江南园林渊源相承中的一节。（图 51，图 52）

图51・春影水廊
周宏俊摄

图52·拙政园西部水廊
周宏俊摄

关于梅花墅

梅花墅在甫里（今甪直）姚家弄西，是明代戏曲作家许自昌在万历年间所构的私家园林。历史上有关此园的记述，除钟惺天启元年（1621）所写《梅花墅记》之外，还有陈继儒写于万历己未年（1619）的《许秘书园记》。两篇园记都为《园综》收录，分别摘录园记中与园景相关的文字如下：

窦墅而西，辇石为岛，峰峦岩岫，攒立水中。过杞菊斋，盘磴上跻映阁，君家许玉斧迈，小字映也。磴腋分道，水唇露数石骨，如沉如浮，如断如续；蹑足蹇渡，深不及踝，浅可渐裳，而浣香洞门见焉。嵌岈岩崿，窍暗疏明，水风射人，有霜雹虬龙潜伏之气。时飘花板冉冉从石隙流出，衣裾皆天香矣。洞穷，宛转得石梁，梁跨小池，又穿小酉洞，洞枕招爽亭，憩坐久之。径渐夷，湖光渐劈，苔石累累，啮波吞浪，曰"锦淙滩"。指顾隔水外，修廊曲折，宛然紫蜺素虹，渴而下饮。透迤北行，有亭三角，曰"在涧"，所谓"秋敛半帘月，春余一面花"是也。由"在涧"缘阶而登，浓荫密筱，葱蒨模糊，中巧嵌转翠亭。下亭，投映阁下，东达双扉，向隔水望见修廊曲折，方自此始。余榜曰"流影廊"。窈窕朱栏，步步多异趣。碧落亭据廊面西，西山烟树，扑坠檐瓦几上。子瞻与元章欲结杨、许碧落之游，杨为杨羲，许为许迈，亭义取此。碧落亭南曲数十武，雪一龛，以祀维摩居士。由维摩庵又四五十武，有“渡月梁”。梁有亭，亭可候月，空明潋滟，縠纹轮漪，若数百斛碎珠，流走冰壶水晶盘，飞跃不定。渡梁，入得闲堂，闳爽弘敞，槛外石台，广可一亩余，虚白不受纤尘，清凉不受暑气；每有四方名胜客来集此堂，歌舞递进，觞咏间作，酒香墨采，淋漓跌宕红绡于锦瑟之傍，鼓五挝，鸡三号，主不听客出，客亦不忍拂袖归也。堂之西北，结竟观居，前楹奉天竺古先生。循观临水，浮红渡。渡北楼阁，以藏秘书。更入为鹤笧、蝶寝，游客不得迹矣。得闲堂之东流，小亭踞其侧，曰“涤砚亭”。亭逶迤而东，则湛华阁，摩干群木之表，下瞰莲沼，沼匝长堤，而垂杨，修竹，茭蒲，菱芡，芙蓉之属，至此益纷披辐辏。堤之东南阴森处，小缚团蕉，鸥鹭凫鹥，若作寓公于此中，旅坐不肯去。此中桃霞莲露，缋绣绮错，而一片澄泓萧瑟之景，独此写出江南秋，故曰“滴秋庵”者。

——陈继儒《许秘书园记》

大要三吴之水，至甫里始畅，墅外数武，反不见水，水反在户以内，盖别为暗窦，引水入园。开扉，坦步过杞菊斋，盘磴跻映阁。“映”者，许玉斧小字也，取以名阁。登阁所见，不尽为水，然亭之所跨，廊之所往，桥之所踞，石所卧立，垂杨修竹之所冒荫，则皆水也。故予诗曰：“闭门一寒流，举手成山水。”迹映阁所上磴，回视峰峦若岫，皆墅西所辇致石也。从阁上缀目新眺，见廊周于水，墙周于廊，又若有阁亭亭处墙外者。林木荇藻，竟川含绿，染人衣裾，如可承揽，然不可得即至也。但觉钩连映带，隐露继续，不可思议，故予诗曰：“动止入户分，倾返有妙理。”乃降自阁，足缩如循，褰渡曾不渐裳，则浣香洞门见焉。洞穷得石梁，梁跨小池，又穿小酉洞，憩招爽亭。苔石啮波，曰“锦淙滩”。指修廊中隔水外者，竹树表里之，流响交光，分风争日，往往可即，而仓卒莫定其处，姑以廊标之，予诗所谓“修廊界竹树，声光变远迩”者是也。折而北，有亭三角，曰“在涧”，润气上流，作秋冬想，予欲易其名曰“寒吹”。由此行，峭蒨中忽著亭，曰“转翠”。寻梁契集，映阁乃在下。见立石甚异，拜而赠之以名，曰“灵举”，向所见廊周于水者，方自此始，陈眉公榜曰“流影廊”。沿缘朱栏，得碧落亭。南折数十武，为庵，奉维摩居士，廊之半也。又四、五十武，为漾月梁，梁有亭，可候月，风泽有沦，鱼鸟空游，冲照鉴物。渡梁入得闲堂，堂在墅中最丽。槛外石台，可坐百人，留歌娱客之地也。堂西北，结竟观居奉佛。自映阁至得闲堂，由幽邃得宏敞，自堂至观，由宏敞得清寂，固其所也。观临水，接浮红渡。渡北为楼以藏书。稍入，为鹤篽，为蝶寝，君子攸宁，非幕中人或不得至矣。得闲堂之东流，有亭，曰“涤砚”。始为门于墙如穴，以达墙外之阁，阁曰“湛华”。映阁之名，故当映此，正不必以玉斧为重。向所见亭亭不可得即至者是也。墙以内所历诸胜，自此而分，若不得不暂委之。别开一境，升眺清远。阁以外，林竹则烟霜助洁，花实则云霞乱彩，池沼则星月含清，严晨肃月，不辍暄妍。予诗云：“从来看园居，秋冬难为美，能不废暄萋，春夏复何似。”虽复一时游览，四时之气，以心准目想备之，欲易其名曰“贞萋”，然其意渟泓明瑟，得秋差多，故以滴秋庵终之，亦以秋该四序也。

——钟惺《梅花墅记》

两文所记述的游线相似，出现的景点基本一致，景象描述及若干细节略有不同。如《梅花墅记》所记“从阁上缀目新眺，见廊周于水，墙周于廊，又若有阁亭亭处墙外者”，“向所见亭亭不可得即至者是也”等，描述的是登上映阁所见景象，这在《许秘书园记》中未曾提及。又如《许秘书园记》中“东达双扉”“碧落亭踞廊面西”等细节，《梅花墅记》中未提及。两文相对照，《梅花墅记》文中对陈继儒有直接提及：“陈眉公榜曰流影廊”。此外，若干描述的用语措辞极为相似，如关于锦淙滩，《许秘书园记》中有“苔石累累，啮波吞浪”一语，《梅花墅记》中则记为“苔石啮波”。由此推测后者对前者的内容应有所参考。

梅花墅园林格局复原

主要根据上述两篇园记，聚焦园林的整体格局，试作平面结构性复原如下。

首先，根据两篇园记对流线的叙述，可梳理出粗略的游园路线，并可分为四段序列如下：①园门—杞菊斋—映阁—浣香洞—小西洞—招爽亭—锦淙滩—在涧亭—转翠亭；②双扉—流影廊—碧落亭—维摩庵—漾月桥—得闲堂；③竟观居—浮红渡—藏书楼—鹤篽蝶寝；④得闲堂—涤砚亭—湛华阁。第一段从入口园门起始，大多景点都在一座水陆大假山范围内，高低起伏，山重水复。第二段以流影廊为纽带，绕水面逐步展开，得闲堂是园中最主要建筑物。第三段是从得闲堂向西北而去的一角，第四段是东偏一区，前者“游客不得迹”，后者“一片澄泓萧瑟之景”，相对于前两段都是僻静之处。（图 53）

其次，根据园记中关键的方位词确定部分建筑与景点的布局以及游线的转向。例如从招爽亭“折而北”到在涧亭，确定在涧亭位于招爽亭以北，小西洞至招爽亭的路线则由西向东；下了转翠亭，“投映阁下，东达双扉”，可知从映阁出发至此已绕大假山一圈，即“映阁—浣香洞—小西洞—招爽亭—锦淙滩—

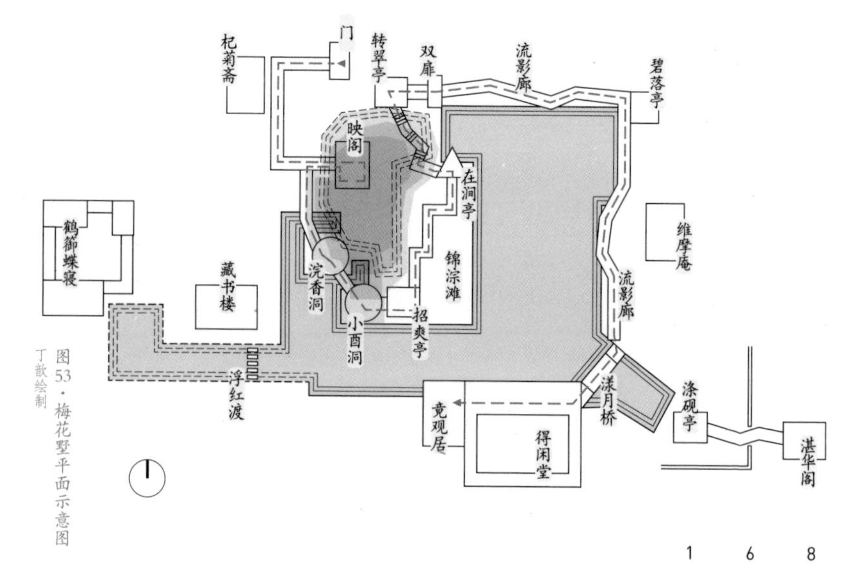

图53·梅花墅平面示意图
丁歆绘制

在涧亭—转翠亭”的序列围绕假山一周；同时可以判断流影廊起始的走向是自西向东，在转翠亭处完成了从向北到向东的转折；从碧落亭“南折”至庵，可以推断在碧落亭处流影廊从东西向转为南北向；“渡北为楼以藏书”，可明确藏书楼在浮红渡以北；涤砚亭在“得闲堂之东流”，可知涤砚亭以及湛华阁这一区在园林东部。

再者，根据园记中叙述的视线关系确定部分景点的相对位置。例如从锦淙滩可“指顾隔水外，修廊曲折”，可以推断锦淙滩和流影廊隔水相对的关系，并可推断招爽亭之前的游线并未接近开敞水面，围绕假山的游线是从内向转向外向；“又若有阁亭亭处墙外者”，“向所见亭亭不可得即至者是也”，描述了映阁和湛华阁遥遥相望的对景关系。

布局及特点

基于上述分析，四段游线序列意味着梅花墅的四个区域：东部水廊主景区、中部山林区、湛华阁东南区、鹤篽蝶寝西区。

东部水廊主景区以大水面为中心，得闲堂位于南岸，水池北部和东部绕以流影廊，东南延伸出水口接涤砚亭，西接中部山林，环水形成“滩—廊—亭—桥—堂”的景观序列，是全园最为开阔的核心主景区。中部山林区由较大规模的水陆假山构成，峰峦岩岫，林木葱茏，上建映阁为制高点，可俯瞰东部；其下洞、滩、涧、磴、梁等，水陆交织，内外交错，景观要素丰富多样；映阁高耸，浣香、小酉洞壑幽然，锦淙滩视野开阔，在涧亭由山涧入山林，一路空间形态变化多端。东南以湛华阁为主景，有墙与主景区分隔而自成幽僻一区，有池沼长堤，草木丰茂。西区应为园主起居所在。

梅花墅以一山一水一廊为主要结构：水是园林的主体部分，长廊又因水而得特色，与水融为一体，生出许多变化与层次；假山是园中的主要景观要素，假山规模较大，水陆交织，洞涧相连，空间形态变化丰富；绕池有山、廊、亭、堂等，构成园林的主要区域，堂前左山右廊，互相映衬。

异曲同工

除前文所述楠园春影廊与梅花墅流影廊的关联之外，楠园还有一处与梅花墅有意象上的异曲同工之妙，也是陈先生所论述的园林的内外关系。

梅花墅中假山上的映阁与墙外的湛华阁互为对景，从映阁上可见“廊周于水，墙周于廊，又若有阁亭亭处墙外者”。映阁与湛华阁一内一外，一显一隐，从得闲堂往东，“始为门于墙如穴，以达墙外之阁”，墙上开洞，穿洞才到湛华阁，别入一境，“向所见亭亭不可得即至者是也”。

楠园中安宁阁正是相似特征，从池西或楠亭向东望去，位于假山上的安宁阁正是“亭亭处墙外”，层次鲜明。安宁阁置于假山之上，白粉墙围合单独成一三角小院，白粉墙上正是开了两处洞，作为出入口。一处是旱洞，小院内假山局部破白粉墙而出，假山中有山洞连通小院内，是入院登阁的一条路径，入口极为狭小。再一处为水洞，于白粉墙上开小拱门，拱门前后设一水潭，稍点置石，由汀步跨水穿门而入院，再上磴道达安宁阁。水旱对比，由洞而入的意象极为鲜明，这一山水、内外对比的精炼做法，是陈先生的独创。（图54，图55）

图54·安宁阁小院水洞门
楠园管理处提供

图55・安宁阁及假山
楠园管理处提供

结语

经过以上分析，可以认为，安宁楠园充分体现了陈从周先生集中于《说园》等著作中的造园理论与思想，是陈先生唯一完整的造园作品。正如陈先生所言，明轩是有所新意的模仿，豫园东部是有所寓新的续笔，楠园则是独立的设计，是其园林理论的具体体现。

楠园在整体上依照江南园林的风格特征，同时结合并体现了地方的景观特色，并从历史园林文献及其意象中汲取若干启发。楠园的营造是因地制宜的产物，就山势、避俗景，妙用基地，巧落布局。

在布局方面，楠园以水池为中心，以假山为主景，山水互映，同时主要建筑隔水对山，主要景点贴水依水，形成总体基调。在对景上有深入细致的考虑，主厅与景深相对，楠亭与假山相对，这一别致的安排强化了山高水长的意象。此外，制造了多种要素的对比关系，山与水，高与下，显与隐，相互映衬烘托。并通过院落空间划分、视线控制等手段，营造了不尽深远的园林空间效果。

楠园是小园，但正如陈先生《说园》中所言，“园之佳者如诗之绝句，词之小令，皆以少胜多，有不尽之意，寥寥几句，弦外之音犹绕梁间”。楠园中亭馆轩阁、山池壑梁，皆有园林空间或景观上的作用，绝不重复，绝无冗余，整体结构精炼得当。

后记

由于关于楠园的专门研究几乎是空白，相关报道与记述也较少，陈从周先生本人亦无多少相关笔墨，因而笔者从调查、学习、体会楠园入手，进而开展初步的分析。过程中数次实地踏勘，多方联系相关人士，得到了诸多宝贵的信息与指导。路秉杰、刘天华、朱锡金等先生年近耄耋，回忆追记；安宁市楠园管理处的姜成昆、黄玉兵两位主任，常熟古建负责楠园修缮的严如群，1990 年代负责楠园工程的“元老”张建华进行了指点；尤其楠园项目的原“业主”，当时的安宁县委书记冯立学、县长段文、副县长杨宗元，楠园的“媒人”原城建局副局长李康祖，（图 56）以及竣工时跟踪采访的邓煦女士，热情相迎，热烈回忆。随他们追忆与陈先生的交往，楠园的点滴往事恍然重现；感受他们在楠园项目上的热情、对楠园保护的殷切，感慨颇深。

与楠园相关的老人新人们，都希望楠园作为陈先生的代表之作、西南的造园明珠，在此次严谨而富于成效的修缮基础上，能够得到更好的研究、保护与宣传。

本文主要梳理介绍了楠园的造园梗概，分析论述了相地与布局的特征，后续将以此为基础，进一步开展空间组织、景点营造、尺度控制、材料做法等多个层面的研究，以期更深入地挖掘与分析陈从周先生的造园手法与理念，以期对楠园的保护与宣传能有一份贡献。

参考文献

[1] 蔡达峰，宋凡圣．陈从周全集 [M]．南京：江苏文艺出版社，2013.
[2] 陈从周，蒋启霆选编．园综：新版．上册 [M]．赵厚均校订、注释．上海：同济大学出版社，2011.
[3] 计成原著，陈植注释．园冶注释 [M]．北京：中国建筑工业出版社，1988.
[4] 黄昌勇，封云．园林大师陈从周 [M]．上海：同济大学出版社，2014.
[5] 江声．安宁县情 [M]．昆明：云南民族出版社，1989.
[6] 安宁县地方志编纂委员会．安宁县志 [M]．昆明：云南人民出版社，1997.
[7] 安宁县志编纂委员会．安宁县志：1989—1995[M]．昆明：云南人民出版社，2012.
[8] 中国人民政治协商会议云南省安宁市委员会文史资料委员会．安宁市文史资料选辑：第八辑 [M]．文史资料委员会，1996.
[9] 邓煦．楠园春秋 [J]．螳螂川，总第 50 期，2009．

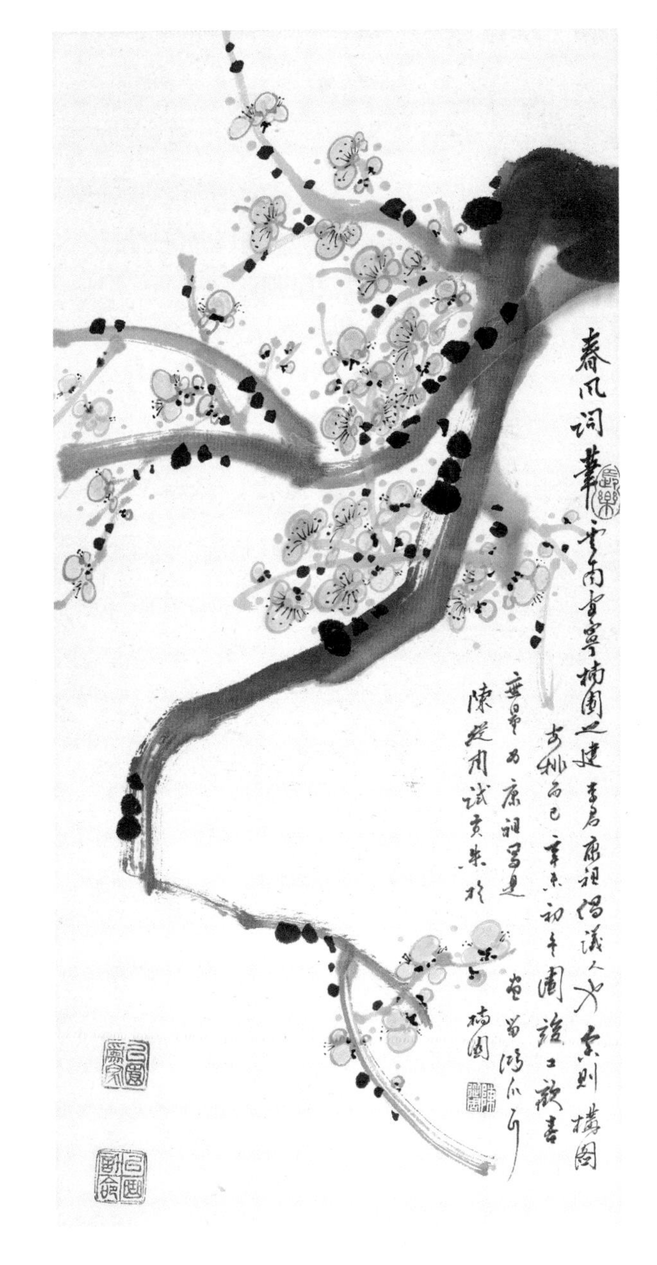

图56·楠园落成之际陈先生赠李康祖画

竹送秋声到小窗

第三章 水绘园之复

重修水绘园记 *

陈　从　周

如皋水绘园，天下名园也，明冒辟疆所筑，董小宛故事，遍传人间，名园名姬，流为艳谈。忆少时谒冒丈鹤亭于沪寓，获交孝鲁先生，贤乔梓为水绘后人，熟知园之史实，尝拟往访，因寻未果，耿耿于怀。近如皋市以保此名迹，嘱为擘画修复，迟迟未敢举笔。此园以水绘名，重在水字。园故依城，水竹弥漫，城围半园，雉堞俨然，于我国私园中别具一格。今复斯园，仍以水为主，城墙水竹，修复

* 出自：陈从周《世缘集》，同济大学出版社，1993：281.

而扩大之。筑山一丘，山中出涧，泻泉入池，合中有分；楼台映水，虚虚实实，游者幻觉迷目，水绘意境，于是稍出。园成，为记此文，知如皋重历史之文物，振民族之正气，地方文化得兴。他时春秋佳日，携笻与如皋人同游名迹，以偿五十年前访园之夙愿，实平生一大快事也。

水绘园实景

小阁枕清流

壹默斋

壹默斋南侧石峰

疏筠怪石相宜

壹默斋与镜阁

雾失楼台

高阁对横塘，
水亭未雨先觉

镜阁

小三吾亭与波烟玉亭

花间亭馆柳间门

通往小三吾亭的石磴

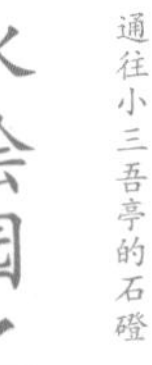

乱竹分幽径，
芳草到横塘

碧宛湖

春昼初长

古澹园前的明朝石桥

占断雕阑只一枝，
春风费尽几功夫

漏窗之一

日长风静，花影闲相照

柳荫深处，
斜阳却在阑干

悬溜峰西侧

水会园之夏

磴古松斜，
崖阴苔老

悬溜峰北侧

水绘园平面图

测绘 杨 晨

2018年2月

枕烟亭

万条杨柳风，
高拂楼台低映水

水绘园鸟瞰

碧宛湖

水绘园鸟瞰

明清水绘园与陈从周当代复建

周 向 频　　王 庆

如皋水绘园是被称为"明末四公子"之一的冒襄[01]的私园。由明入清，伴随着如皋冒氏家族的兴衰和时代更替，这座私园也历经变迁。明亡后，冒襄在祖辈园址的基础上增拓水绘园，以遗民的身份长期隐居园中，并在园内广纳宾客，收容故人后

01　冒襄（1611—1693）字辟疆，号巢民，是明末清初著名的社会活动家、文学家、书画家、戏曲家，同时也是明代复社领袖之一，与方以智、陈贞慧、侯方域并称"明末四公子"。明亡后退隐故乡如皋，营建水绘园。冒襄一生著作颇丰，传世有《寒碧孤吟》《巢民诗文集》《水绘园诗文集》《影梅庵忆语》《六十年师友诗文同人集》等。

代，发展家乐班，享受丝竹之乐，追忆晚明风华。水绘园延续了晚明文人园林的雅致和奇趣，既是冒襄安身立命的家园，也是当时明遗民的文化桃源。陈从周从 1988 年起主持水绘园的复建工程，这是其人生最后一个园林实践作品。他在几无遗存的基地上，依据少量园记园图，结合相关史料，根据场地现状指导复建工程，同时也通过大胆创新来串联过往与现在，最终恢复并创造了一座既充满传统园林韵味，又因地制宜合乎当代需求的历史名园。

水绘园营建历史

冒襄营建水绘园

水绘园始建于明万历年间，最初为冒襄叔祖冒一贯的别业。冒一贯曾辅导冒襄父亲冒起宗学业，冒起宗考中进士后，将冒一贯及其家人从乡下接至如皋冒府居住，以报恩情。但冒一贯向往野趣的生活环境，便与友人佘元美等在如皋城及周边寻址造园。最终选定城北伏海寺以东、中禅寺以北的十数亩水泽地，用冒起宗答谢他的酬金购地、营园。园林建成后，竹木葱郁，游鱼栖鹤，尤以水景最富生气，因而命名为水绘园。≡[02] 园林主体建筑名寒碧堂，临池而建，凭窗可眺望偌大的洗钵池≡[03] 水景。不久之后，佘元美亦在园林东北造佘氏壶岭园，≡[04] 以其故乡福建龙岩的“壶岭水行”景观为园林主题。

明天启三年（1623），冒襄祖父冒梦龄辞官回乡，在水绘园东南面造逸园以颐养天年。逸园起初占地仅有二亩，但邻近有大小二池，大池即洗钵池，“池广十亩，澄泓滉瀁”≡[05]，小池在逸园桥外，占地五亩。冒家将这二池一并购入并活其水源，扩展后的逸园形成“水石，竹树，亭榭，澹如邃如”的景致。≡[06] 冒梦龄经常宴请宾客、观剧听曲，园居生活十分惬意。

水绘园和逸园离冒府并不远，冒襄在少年时几乎每日都前往逸园向祖父请安，之后便留在园中学习、游玩，也会顺道至水绘园流连。水绘园比逸园更加开阔，冒襄常在寒碧堂里吟诗、习字。他曾将那些在寒碧堂内挥毫而作的诗编为一卷《寒碧孤吟》，得到晚明大家陈继儒、董其昌的赞赏。陈继儒在序中称

02　《水绘庵记》载：“水绘庵，即向之所谓镇野带垧，竹树玲珑，亭台棋置者，水绘园是也。其主人辟疆氏，既以遭值不偶，乃解脱圭组，将与黄冠缁侣游。约言曰：‘我来是客，僧为主。’更园为庵，名自此始。”说明园林在冒襄之前已命名水绘园，且目前也没有史料表明园林曾有其他名字。因此暂且认为水绘园园名始于冒一贯时期。

03　洗钵池前身是唐代中禅寺的放生池，宋代文学家曾巩幼年随父来到如皋，曾在中禅寺东厢房内读书，常在此池中洗钵，后世遂改称洗钵池。至明代，洗钵池归如皋人郭兵宪所有，见参考文献 [1]。

04　佘氏壶岭园即是现今水绘园内“古澹园”的前身。

05　冒襄《逸园放生池歌》，见参考文献 [2]。

06　（清）崔华《逸园复祀记》，见参考文献 [3]。

赞其“性含异气，笔带神锋”，认为诗中富有“黄鹤背上人”≡07的仙品才情。冒襄此时未及弱冠，诗中描绘的清疏淡远的隐逸图景也许源自他在园中登楼远眺的感悟，寒碧堂前浩渺的水波和翔舞的白鹤赋予他深远的诗境。

自明天启七年（1627）至崇祯年间，冒襄为科考离开如皋并多次驻留扬州、金陵等地。后来更是长期寓居金陵桃叶渡，备考之余广交好友、组建诗社，并于崇祯六年（1633）加入复社，在金陵文人圈中享有盛名。但自崇祯三年（1630）至崇祯十五年（1642），冒襄五赴科考，仅两中副榜，心灰意冷之余，决定回到如皋开始闲居生活，并于崇祯十六年（1643）纳董小宛为妾。崇祯十七年（1644）甲申之变后，冒襄被迫携家逃难，一路颠沛流离，直到清顺治三年（1646）才结束流离生活，回到如皋家中。之后冒襄拒绝了清廷的征召，和董小宛在家乡重拾金陵秦淮河畔的风雅生活，结社唱和、开演戏曲、焚香品茶、论诗鉴画，度过了几年宁静从容的时光。那时水绘园仍是叔祖冒一贯留下的家业，冒襄和董小宛时常前往水绘园散心，在临近的逸园中烹茶对饮，在洗钵池泛舟而憩。

清顺治十一年（1654），此时董小宛已去世三年，冒襄从冒一贯后人的手中买下水绘园并修整，将逸园、洗钵池纳入水绘园中成为一体，作为自己隐居和交游的场所。冒襄以明遗民身份自居，在水绘园中坚守气节，为故友遗

07　（明）陈继儒《寒碧孤吟叙》，见参考文献 [3]。

孤提供庇护，邀请后辈入住水绘园；同时仍沉迷文艺，发展冒氏家班，频繁举办宴集修禊。水绘园因园主冒襄的声名及来往宾客的推崇传颂，很快成为江北名苑，车水马龙，访客不息。冒襄在园中与友朋耽溺诗酒，追忆故国。园内丰富的文化活动产生了广泛而持续的社会影响，水绘园在江南文人圈内声名鹊起，成为清初扬州地区重要的文化标志和遗民群体的精神乐土。

然而到了冒襄晚年，其家族开始没落，因财产争夺而产生的冲突愈演愈烈。水绘园开始面临入不敷出的窘况，笙歌渐消，宾客离去。清康熙十五年(1676)，冒襄安葬了母亲之后短暂移居苏州。第二年返回如皋时，水绘园已经被胞弟冒裔霸占。冒襄只能在水绘园西北另筑匿峰庐自居直至去世。之后水绘园日渐荒废，洗钵池也“芦竹丛生，鱼苗零落”。≡08 清乾隆二十三年（1758），如皋乡绅汪之珩因仰慕冒襄，在洗钵池西构建了一座水明楼，≡09 以缅怀冒襄和水绘园的繁盛岁月。清嘉庆元年（1796），冒氏族人赎回水绘园残址，辟为家祠公业。

08　清乾隆二十三年（1758），如皋知县何廷模在水明楼匾额上题跋：“冒辟疆先生水绘园旧址于今荒落殆尽，仅一洗钵池存焉。然芦竹丛生，鱼苗零落，要非昔日面目可知也。其右为雨香庵，乃宋曾文昭公读书处。朴庄汪副使构楼于洗钵池上，以为游息之所。”

09　陈从周评价水明楼为“徽派袖珍园林风格的海内孤本”。因其紧邻水绘园，今被纳为水绘园风景区景点之一，是国家级文物保护单位。

1980 年代水绘园复建

辛亥革命之后，如皋地方政府开始关注水绘园的恢复。民国四年（1915），政府在水绘园旧址周边建如皋公园（1949 年改名为如皋人民公园）。民国六年（1917），冒氏后人冒鹤亭邀请陈宝琛、林纾、梁鼎芬等名士为水绘园赋诗填词，又有吴湖帆、顾鹤逸等人为之作水绘园图。但此时水绘园仍残破不堪，景致不再。

新中国成立后，1957 年如皋水绘园被评为"江苏省二级文物保护单位"。1980 年，水绘园外围的水明楼、隐玉斋等古迹经修缮后对公众开放。

1980 年秋，陈从周应邀出席如皋城市总体规划会议。他漫步在水绘园附近的冒家桥上，追忆自己年轻时在上海随师长拜访冒氏后人冒鹤亭老先生的经历，与冒鹤亭老先生一同观摩冒、董画像的情景仍历历在目。陈从周感叹水绘园已非旧貌，并现场赋词："如皋好，信步冒家桥。流水几湾萦客梦，楼台隔院似闻箫，往事溯前朝。"[10]

1986 年秋，陈从周再次应邀至如皋，为古刹定慧寺制定修缮规划。如皋政府征求陈从周的意愿，希望他之后能负责水绘园的复建工程，陈从周表示应允。

10　陈从周《忆江南》，词有注："调寄忆江南。余欲游水绘园 40 年，今果畅游，感成斯阕。庚申之秋陈从周。"

1987 年，陈从周的学生、时任南通建委副总工程师的范子美为抢救几间古屋，建议政府将古建移至水绘园内，最终商定用作重建水绘园园景之一的寒碧堂。重建时将寒碧堂定位为水明楼的配角，要求在体量、规模、式样上呼应水明楼，烘托后者的主体地位。

1988 年，如皋政府组织专家召开恢复水绘园研讨会，之后南通市拨款 30 万元用于如皋水绘园恢复工程。同年冬天，如皋政府派人赴上海正式邀请陈从周主持水绘园复建事宜。陈从周安排弟子路秉杰绘制详细规划图纸，推荐曾经修复上海豫园的常熟古建工程队负责施工。

1989 年之后，陈从周多次赴如皋勘察水绘园旧址，在现场反复观察，返回上海完善设计图册和模型。

1991 年秋，水绘园复建工程开工，历时两年建成。在陈从周及其弟子的指导和现场调整下，水绘园恢复并提升了洗钵池、壹默斋、寒碧堂、枕烟亭、画堤、妙隐香林、小三吾亭、湘中阁、悬溜峰[11]、悬溜山房等园景。期间，陈从周亲自题写了“寒碧堂”“洗钵池”两幅匾额，1992 年于病中请内侄蒋启霆为之书《重修水绘园记》。

2001 年，如皋水绘园被列入第五批全国重点文物保护单位。

11　水绘园相关园记、诗词多用“悬霤峰”，今人多用“悬溜峰”，全书统一为“悬溜峰”。

2010 年，由陈从周复建的水绘园及周边景点构成的如皋水绘园风景区[12] 被评为国家 4A 级旅游景区。

水绘园历史空间复原

冒襄时期水绘园空间复原

复原依据

本文复原依据的材料主要包括水绘园建成后冒襄本人和友人描绘园林的园记、园诗、园画等。水绘园相关园记有佚名《水绘庵记》、冒襄的《水绘庵六忆小记》和《水绘庵修褉记》。其中《水绘庵记》是现今能够找到的对冒襄时期水绘园描述最详尽的一篇园记。《水绘庵修褉记》则详尽记载了清康熙四年（1665）水绘园修褉的活动路线和场所，可与《水绘庵记》互相比对。

园诗是指冒襄与友人在园中游赏、唱和的诗。有冒襄的《水绘庵六忆歌》《雨登湘中阁眺望》《许荫松为余筑悬溜山成赋

12　景区占地面积约 30 万平方米，除了水绘园，还包括水明楼建筑群、逸园、古澹园（中国如派盆景园）、匿峰庐、游乐园、商业广场等内容。

赠》，杜爽的《游饮水绘庵》，陈维崧的《戊戌冬日同诸子过水绘庵》，戴本孝的《己亥碧落庐抒怀》等。

相关绘画包括戴本孝的《巢民老人观菊图轴》、蔡含的《水绘园图》(图1)、沈复的《水绘园图》、秦祖永的《水绘园》、顾尊焘的《水绘园主落花觅句图》(图2)、顾尊焘与释上睿的《水绘园主桐叶题诗图》、禹之鼎的《水绘园篠濑图》(图3)等。

其他史料主要是民国刻本《如皋县志》，其卷二、卷三记录了水绘园及周边胜迹的演变。县志中的《明万历如皋县城图》《清乾隆如皋城池图》《如皋城厢图》等勾勒了不同时期水绘园在城内的大致方位，以及水绘园与逸园、壶岭园、中禅寺、碧霞山等的位置关系。

通过以上材料的相互参照，笔者绘制了冒襄时期水绘园的空间布局平面图，尝试复原水绘园在清初的整体环境格局、园林内部要素及各景点的空间位置关系。

复原成果

水绘园面积推测。冒一贯时期的水绘园占地仅十数亩，冒襄接手后对园林进行了增拓和改造，将祖辈留下的逸园、洗钵池等纳入形成一体，使得水绘园“南延袤几十亩”[4]。根据冒一贯时期的水绘园占地十数亩、逸园占地二亩、洗钵池广十亩、洗钵池旁的小池占地五亩汇总计算，以上占地面积至少

图1·（清）蔡含《水绘园图》
引自雅昌艺术品拍卖网

图2・（清）顾尊焘《水绘园主落花觅句图》
引自雅昌艺术品拍卖网

图3·（清）禹之鼎《水绘园篠濑图》
引自雅昌艺术品拍卖网

二十七亩。此外还有未知的其他水面和陆地面积，因此推测冒襄时期水绘园占地很可能达到三十多亩。

水绘园整体环境格局。整体来看，园林西望碧霞山、北倚城墙、南临中禅寺，东至壶岭园，四周伴有中禅寺、隐玉斋[13]等旧朝古迹。它们作为围护性的边界要素，[14]将园林内部空间与外界隔绝开来，呈现半围合的环境格局。（图4）

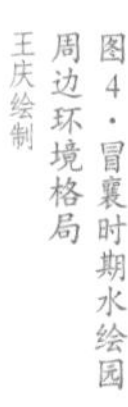

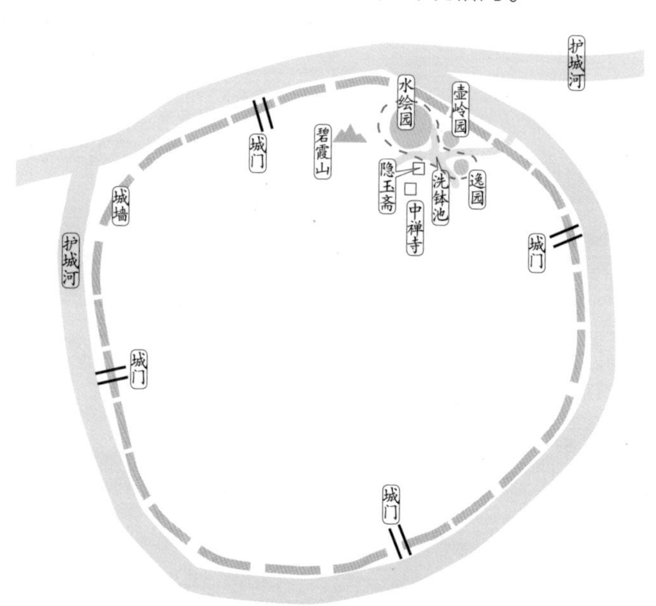

图4 · 冒襄时期水绘园周边环境格局
王庆绘制

13 《如皋县志》卷三：“隐玉斋在中禅寺内洗钵池上，宋丞相曾文昭公肇读书处。”见参考文献 [1]。

14 冒襄《逸园放生池歌》：“易对岸水绘园为庵，绕池夹面以护之。”见参考文献 [2]。

水绘园水体形态构成。水绘园以水为胜，“南北东西皆水绘其中”[4]，园林水系的源头引自城墙外的护城河。冒襄时期水绘园的水系由不同大小的水面串联而成，水体主要有池、溪、岛三种类型，有明确景点名称的是洗钵池、小月池、小浯溪、鹤屿等，此外还有入口画堤处的水面和逸园桥外的五亩小池。

水绘园主要功能场所与活动。[15] 水绘园中相对固定和常态的功能场所及活动有：在寒碧堂观冒氏家班开演戏曲；在洗钵池泛舟观月、赏荷，一般有家班伶人乘小舟跟随，以清唱或吹奏助兴；在小三吾亭诗文唱酬，冒襄挚友陈贞慧之子陈维崧尤喜在小三吾赋诗，称“如皋忆，最忆小三吾”[16]；碧落庐则为戴重的长子、幼子所居，数年后戴氏兄弟离开，冒襄请僧人入住其中，每日诵经敲钟。其他场所活动还有在寒碧堂品茗、在枕烟亭展玩画卷、在月鱼基小饮、在因树楼与湘中阁内作诗、在画堤赏桃花等。

冒 襄 时 期 水 绘 园 空 间 分 析

冒襄改造水绘园的目的，一是以园言志，在园林中为自

15 明亡后，水绘园并不是冒襄唯一的住处。他的日常起居、收藏品鉴设在离水绘园不远的冒府中，雅集宴客、观剧听曲、收容故友遗孤等交游活动则在水绘园中。

16 （清）陈维崧《迦陵词全集》卷一《望江南·寄东皋冒巢民先生，并一二旧游》。

己编织遗民幽梦，为此他还将园名改为“水绘庵”，表达“将与黄冠缁侣游”[17]的心态；二是以园为忆，回忆晚明故人，回忆南岳诸景。[18]相比冒一贯时期的疏朗景致，冒襄改造后水绘园的建筑比例和景点内容显著增加，新增了画堤、妙隐香林、壹默斋、枕烟亭、镜阁、悬溜峰、悬溜山房、潇湘阁、小三吾亭、鹤屿、月池、涩浪坡、月鱼基、波烟玉亭、碧落庐等十余处佳境，加上冒一贯时期的因树楼、寒碧堂，以及新纳入的逸园、洗钵池，水绘园的面貌发生了极大的变化。全园水面开阔，“林峦葩卉，坱圠掩映，若绘画然”。空间布局上南部有逸园和洗钵池，构成以水景为主的“园中园”景致；北部是山景区，有全园最大的土石山悬溜峰，循着山体错落有致地分布着点景和观景建筑；悬溜峰再往北是富有自然野趣的区域，分布有溪流、岛屿、孤亭和土山。虽然是将几处旧园整合在一起，但水绘园通过水体、建筑、山体的丰富组合，呈现出收放自如、疏密有致的空间布局特征，同时也提供了转折起伏、层次丰富的空间体验和动静分区的活动场所。以下根据《水绘庵记》等园记内容，结合复原平面图（图5）对水绘园的景区空间和构成元素进行具体分析。

17 出自《水绘庵记》。本节中引文如无特殊说明，均出自此园记。

18 明崇祯十四年（1641）冒襄赴南岳省亲，历时近三月。期间遍览南岳山水，留下深刻印象。南岳之旅是冒襄一生中唯一一次远行，其晚年有诗《走笔友沂借鹤》：“曾游黄鹤下湘烟，孤屿摹成水绘篇。”

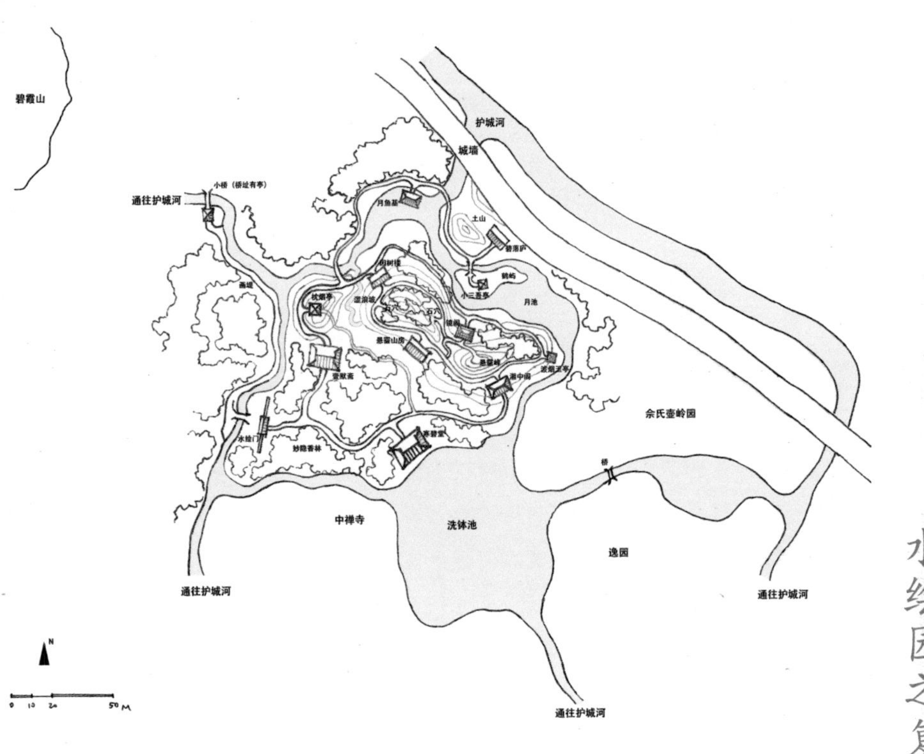

水绘园之复

图5 · 冒襄时期水绘园复原平面图
麦璐茵、王庆绘制

入园始于画堤，大约自西面的碧霞山往东七十步，经过一座小桥和茅草亭便是画堤，“堤广五尺，长三十余丈”，两侧“芙蕖夹岸、桃柳交荫”，使人产生“错认桃源里”[19]的感受。经过长约百米的蜿蜒画堤才来到深掩的园门，“门夹黄石山，如荆浩、关仝画。上安小楼阁，墙如埤堄，列雉六七”，门额有冒襄自书的“水绘庵”三字。进园后有沿水岸铺设的规整石径，循径走百余步即来到妙隐香林，此处植被浓密，甚至遮住了游人的视线。

从妙隐香林分出了两条岔路，左行可来到壹默斋和枕烟亭。壹默斋四周环境清幽雅致，是读书习诗之所。冒襄通过其景名来表达自己作为遗民冷眼观世事的态度。枕烟亭位于壹默斋之东，藏在林木更深处。从妙隐香林出来的另一条园路则直达寒碧堂。寒碧堂南临洗钵池，冒襄常在此听曲、品茗、会客。每当宾客散尽、华灯俱落后，建筑更显露出“结庵在江海，寒月浪中生”[20]的清冷意境。洗钵池水量丰盈，每逢佳节，冒襄领众人行舟赏月，载满船花灯、烟花助兴。[21]

寒碧堂以北是悬溜峰，是对南岳悬溜峰胜景的缩移摹拟。

19 （清）冒丹书《六忆歌》。冒丹书为冒襄长子。

20 （清）赵而汴《己亥冬日同高玄中游水绘庵即席次其年元韵》。

21 这些活动留下数篇水绘园泛月诗，如冒襄《夜游曲同王阮亭先生泛月水绘庵分韵》：“画槛烟深六曲回，夜光簇浪有船开，数声水调笙歌彻，无数明珠涌月来。”见参考文献 [5]。

冒襄早年游历南岳时绘制了悬溜峰山景，改造水绘园时他便请叠山匠师许荫松[22]根据图纸堆叠。筑成后的悬溜峰成为园内制高点，山上“栈道连云湿，疏峰矗几层”，[23]山顶“平若几案，可置酒，可弹棋”。登顶四顾，可观碧霞山景、中禅寺、洗钵池、逸园、壶岭园等远处景色。悬溜峰其上及四周分布着波烟玉亭、湘中阁、悬溜山房、因树楼。波烟玉亭“南临悬溜峰下，稍折而东”，冒襄造此亭以纪念董小宛，亭名取自董小宛生前尤爱的“波烟玉”[24]一词。由波烟玉亭而上是湘中阁，阁被桃花和其他翠植包围，在雨气弥漫的时节，推窗望出别有一番情调。友人杜濬称赞此中景致：“吾乡绝境以潇湘为最，而潇湘之胜尤在雨中，此阁命名已见真赏。”[25]

由湘中阁往山上走则见悬溜山房，其与湘中阁构成上下错落的关系。悬溜山房的西边有一些石洞、石穴，由石洞右折而上也可以到达悬溜峰，石洞“前临因树楼，则蟠伏宛在地中”。悬溜峰东北流淌着小语溪，其源头起于洗钵池。沿溪遍布芦苇，

22　冒襄有《许荫松为余筑悬溜山成赋诗》一诗，因此推测出悬溜峰由许氏所堆。许荫松，如皋人，明贡生，传为叠山大师张南垣的弟子。

23　（清）陈维崧《戊戌冬日同诸子过水绘庵》。

24　冒襄《影梅庵忆语》：“李长吉诗云‘月漉漉，波烟玉’。姬每诵此三字，则反复回环，日月之精神，气韵光景尽于斯矣，人以身入波烟玉世界之下，眼如横波，气入湘烟，体如白玉，人如月矣！”见参考文献 [6]。

25　杜濬《黄冈杜于皇浚五月坐雨湘中阁和巢民》。杜濬（1611—1687）字于皇，号茶村，湖北黄冈人。明季诸生，少倜傥，不得志。明亡避地金陵，寓居鸡鸣山之右。晚岁贫益甚，往来维扬间，曾寓居冒襄的水绘园。

充满野趣，与洗钵池一带开放疏朗的空间景色大为不同。沿着小浯溪折而西行便至鹤屿："旧时常有鹤巢于此，今构亭，曰'小三吾'。"小浯溪、小三吾亭是冒襄仿唐代诗人元结于湖南卜居之处的浯溪、吾亭而造，亦含有自己因家国之变而归隐于此的寓意。

鹤屿之北是碧落庐，冒襄建此庐以纪念复社好友戴重[26]："碧落庐者，主人所知戴无忝客居也。其先戴敬夫与主人善，拟构是庐不果，主人因乃为成之……"鹤屿往西是涩浪坡，"坡广十丈，皆小石离列可坐。当雨晴日出则飞泉喷沫如珠，下有石渠可作流觞之戏，有声淙淙然。其树多松，多桧、桂，多玉兰、山茶"。涩浪坡构景别致，花木茂盛，有曲水流觞之意。

除了山水、建筑要素外，水绘园中的植物品种、形态亦十分丰富优美。园中乔木有桃、柳、松、桧、桂，花草有芙蕖、玉兰、山茶、菊等，皆为秀雅清丽之物。其中桃花与竹占极大比重，冒襄在园林入口处的画堤上栽满桃花，渲染了"桃花千树退红香，重门深掩留春色"[27]的意境，也寓意其园林为避世桃源。竹则在园内处处可见，在路旁或院内营造出"竹径通禅梵，花

26　戴重（1601—1646），字敬夫，号碧落道人，冒襄复社友人。戴曾至水绘园游玩，拟在园内建庐未果，后抗清负伤，绝食而死。碧落庐的落成在复社同人眼中具有十分重要的意义，方以智特意为之作画《水绘尊园碧落庐图》。

27　冒襄《辛丑晚春久雨初霁携小姬吴湘逸看画堤桃花》，见参考文献 [5]。

窗枕道书”[28]的景境。此外，水绘园中池面广阔，遍植荷花，冒襄常与友人相约“看池荷”，欣赏“十顷红鲜偏，金房绿叶奇”[29]的美景。他还在碧落庐、因树楼前种植了大片丛菊，[30]他曾连续十日赏菊，歌咏菊的高洁清幽，也感慨时代的沧桑巨变。（图6）

图6·（清）戴本孝《巢民老人观菊图轴》安徽博物院馆藏

总体上，水绘园富有自唐宋以来文人园的趣味，继承了晚明园林雅致与天然的特性，也有一定“尚奇”的趣味和表达。在冒襄对园林诸要素的熟练处理下，园林空间充满了畅通与曲折、开阔与促狭、秀雅与野趣的多种对比，体现了晚明清初文人对园林空间意趣的探索和发展。

28 （清）邓汉仪《庚子冬日过水绘庵次其年原韵》。

29 冒襄《过得全堂听歌此古采莲曲即席限韵》，见参考文献[5]。

30 冒襄《碧落庐边看菊十日成四绝句》其四：“因树为台俯菊丛，秋心渺渺寄飞鸿。谁怜秋士伤秋意，即在繁华极目中。”见参考文献[5]。

陈从周的水绘园复建[31]

目标与理念

陈从周对水绘园有很深的情结，他曾说："我之所以一次、两次、三次来如皋，这是因为水绘园有它自己的历史，它跟扬州的个园不同，跟泰州的乔园也不一样，很有个性。"

陈从周认为水绘园的个性体现在两个方面。首先是园景的独特："水绘园的个性在'水''绘'二字。以水为贵，倒影为佳。"水绘园以大水面和土石山为骨架，其间点缀精巧楼阁、曲径长堤、修竹幽篁，背倚巍然城墙。陈从周评判水绘园"有别于苏州园林的人工中见自然的风格，是日本园林于自然中见人工的风格"。其次是园主身份特殊，水绘园之所以能成为晚明清初时期的江北名园，其声名实则因园主冒襄而起。冒襄素以才华和气度驰名，明代覆灭之后，不同于其他遗民举步维艰的贫困状态，冒襄仍然有能力在园林中经营精致风雅的文化生活，令水绘园成为延续晚明文化的交游场所，无疑是明遗民园林中的特殊存在。

水绘园作为如皋最负盛名的私家园林，其复建的意义不言

31 本节及至文末，引用的内容若无特殊注释，都是参与水绘园复建工程相关人员所记录的陈从周原话，见参考文献[10]，以及关中雨新浪博文系列。

而喻。陈从周总结复建的目标，一是“按考据办事，尽量恢复水绘园本来的面貌”；二是将水绘园打造为苏北第一园，成为如皋的城市名片，促进经济发展，繁荣如皋文化。

陈从周熟知水绘园的历史，他精准地抓住了明清时期水绘园的造园基调——格调淡雅、景致秀丽，提出复建的关键在于重现园林的水绘意境和秀雅园景，于细微处透露出冒襄的风雅品味，并总结了“园依城垛，水竹弥漫，杨柳依依，楼台映水，以水绘园”的复建要点。

建设过程

复建工程开展之前，水绘园遗址内仅有洗钵池和1987年复建于池北的寒碧堂，因此，陈从周在复建工程开展之前提出：“恢复水绘园得首先搞造园理论，水绘园是文物，得了解它的历史。”他总结自己的复建依据有三，分别是《水绘园旧址图》《水绘庵记》和园林现状。其中《水绘园旧址图》（图7）出自

图7·（清）沈复《水绘园旧址图》

沈复之手，沈复晚年（清嘉庆后期）在如皋做幕客，与冒氏后人冒晴石交好，为其作水绘园图。虽然沈复所画的是清中期的水绘园遗址，也无法判定他是否真实描绘了当时的园景，但画作采用的写实手法为复原提供了很多参考细节，如自然式驳岸、沿水而栽的柳树、园林背后的城墙、成片的竹林等。园记《水绘庵记》内容翔实，不乏对景点细节、方位、距离的描写。但陈从周特别指出，如果按照《水绘庵记》绘制出的平面空间显得拥挤时，就不要迷信园记。因为古代文人写园记免不了溢美之词和夸张表述，所以，诸如"三步一亭""十步一廊"的描写不一定准确。古园已废且历时已久，复建本就不可能做到完全重现历史园貌，重要的是利用园林史料来把握水绘园的景致亮点和风格基调，同时依据基地现状和实施条件，让这座著名的文人私园既恢复晚明清初的韵味，也适应当代游客的游览需求。

笔者根据水绘园复建工程相关工作人员所记录的陈从周指导语录，大致梳理出陈从周复建水绘园的步骤和要点：

（1）恢复古城墙

在复建水绘园之前，如皋政府准备先在园林北面恢复一段百米左右的古城墙。在陈从周的建议下，城墙根据当时用地条件，西起现今碧霞路与水绘园路交叉口的东侧绿地，东至园内土山附近，两端都修建了台阶供游客登高。

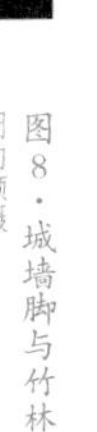

图8·城墙脚与竹林
周向频摄

城墙脚下栽满竹子，形成沈复《水绘园旧址图》中园林北依城垛、竹林成片的景象。（图8）从建成效果来看，城墙和竹林不但隔离了水绘园周边的喧嚣噪声，遮挡了外部高楼，也让园林有景可借。

（2）拆建与移除

复建水绘园之前，陈从周观察场地后要求先拆除有损园林古建风貌的构筑，具体包括：拆除水绘园园门对面的公厕；拆除园中占据大片场地的原京剧团大楼；更换水明楼的石棉瓦盖顶；拆除寒碧堂附近的现代灯柱；移除寒碧堂内的风扇、现代吊顶、西洋餐具、百货陈设等；移走园中雪松、悬铃木等“西洋品种”。

（3）理水筑山

复建工程开始时，园中水体只有五亩左右的洗钵池。为了实现水绘园的“水”“绘”二字的特色，陈从周提出在基地北部开浚新池。挖池的过程中，陈从周还指出：“水通则活，现称‘鹤屿’的位置不准确，且阻塞水流，应切去，切掉后便水面洋洋了。”新池“月池”≡32 最终占地六亩，与洗钵池面积不相上下。同时，陈从周还认，洗钵池东侧的人民公园大草坪在空间上喧宾夺主，显得洗钵池十分局促。故要求在洗钵池与草坪之间设围墙作为障景，使视线不互相干扰，而且围墙可界定园林的边界，墙上的花窗亦可产生两园景色互相渗透的效果。经过这番调整，园区水面开阔了许多，两池加上溪流占据了园林将近一半的面积。（图 9）为了进一步追求“白波浩渺”的水景效果，陈从周还提出四个关键做法：一是池水不宜深，二要修建自然式的弯曲

32 现今水绘园景区将月池改名为碧宛湖，为与历史上此湖名称对应，下文仍用“月池”。

驳岸，三要控制水中洲岛的面积，四是在水里打六至七口井以保证水质清澈。

陈从周推荐常熟古建工程队负责重修悬溜峰景。造山师根据史料描绘的山势特色，用橡皮泥制作山峰模型，经陈从周修改后再实地堆叠。这座土石山选用黄石点缀，石洞顶壁以勾拱的手法塑造连贯穹顶。又采用先坐石、后勾浆的技术，令石缝间隙降到最小，达到自然坚固天成的效果。如皋城内外都平坦少山，陈从周认为既然有机会在园中叠山，则可尽量堆得高些，以加强地势变化。追求高度的另一个原因在于，陈从周视悬溜峰为水上的隔景，想要利用山体将水面隔出远近不同的空间层次。(图10，图11)

（4）因地制宜布置绿化

在绿化布置上，陈从周首选本地树种，认为“因地制宜，好栽活”。乔木有柳、竹、桃、银杏、松、柏等，草本则以芭蕉和麦冬为主。具体的植物布局是：河岸边栽种杨柳；山上山脚种竹成林；园林深处布置大片桃花；院角、墙角以芭蕉造景；地面、土坡用麦冬遮丑。同时基于分期建设的理念，建议水绘园近期以竹、柳、芭蕉为主要植被，远期逐步补充银杏、松树、柏树等。从植物选种和布局规划来看，陈从周遵循了水绘园的历史特色，以竹、桃、柳为基调树种，另一方面也考虑了园林维护的实际需求，选

△图10・悬溜峰
杨晨摄

▽图11・悬溜峰西麓成为观水视线的隔景
周向频摄

◁图9・洗钵池与碧宛湖
杨晨摄

用麦冬、芭蕉这类“好栽活”的“本地货”。

（5）以亭台楼阁缀景

建筑物是水绘园中的关键节点和空间点缀，陈从周强调建筑布局要疏密有致，做到“正中求变”，利用弯曲的水岸和园路串联各个建筑物。建筑形态要做到“玲珑精巧”，体现苏北风格。建筑具体造型“可参照扬州的个园、泰州的乔园、如皋的水明楼和当地的一些老房子”。建筑选材“要用青砖，且需磨砖对缝。以钢骨、水泥之类代木，是绝对不行的”。在水绘园诸多建筑中，陈从周选择从壹默斋开始复建，将其定为园林主体建筑。不仅考虑从壹默斋往外望的景观视线，还关注建筑作为四面观景对象而产生的效果。壹默斋完工之后，陈从周再以之为基点，确定其他建筑物与它的空间尺度与比例关系。

（6）推敲园林细部

陈从周在园林的建筑立面、室内陈设、场地铺装乃至园林匾额等细节上也颇费心思。建造主体建筑壹默斋时，他利用当地拆除古建冒氏祠堂时留下的木料和建筑构件，采用如皋传统木作做法打磨梁头、卷杀、梁楣、雀替等。对于寒碧堂、湘中阁、因树楼、碧落庐、镜阁等重要景点建筑，陈从周也细致考虑其屋顶、门柱、窗户、栏杆、挂落的选型和安设。室内陈设遵循“古要古到底”的设计原则，以桌椅屏几、花窗青砖塑造古韵，前庭后院以湖石造景。

自 1991 年水绘园复建之初，陈从周就同时筹划起园内的匾额、碑文和对联。他邀请了书法家苏局仙为因树楼题额，上海图书馆馆长顾廷龙为壹默斋题额，画家钱定一为枕烟亭题额，书法家蒋启霆为碧落庐题额，书画家喻蘅为湘中阁题额。陈从周自己则题写了寒碧堂、洗钵池的匾额，以及一对楹联：“红了樱桃绿了芭蕉，正是恼人天气。种成花柳筑成台榭，更谁同依栏杆。”

陈从周主持水绘园复建工程，并未留下太多规划和设计的图纸。一般而言，现代设计师绘制出平面图、立面图、剖面图等各种比例图纸，施工队伍则按图施工。然而对于这种工作模式，陈从周有自己的理解：“园林是立体的，用几幅平面图、单体图无法尽善尽美地表达出来。我们中国园林的设计得用中国法，叫作大胆落墨，小心收拾，是活法。”至于这类复建历史园林的项目，更不能纸上谈兵、只顾图纸“天花乱坠”，所以陈从周及其领导的复建团队注重推敲模型和现场指导，正如他所言：“恢复水绘园，要因地制宜，反复推敲。”例如枕烟亭，规划图上此亭被绘制在寒碧堂之北、壹默斋之东，但陈从周反复观察场地，认为枕烟亭附近的建筑过密，最终将亭移到壹默斋西侧，通过长廊衔接两者，使枕烟亭拥有清幽宁静的半私密氛围。

复建园林的空间要素与游线分析

陈从周复建的水绘园（图12）占地近三十亩，整体格局以南北两池为主，建筑、山石、林木随水而设，倒影入水，形成清爽淡雅、虚实交错的景致。基本恢复了明清时期的主要景点，包括洗钵池、月池、小语溪、妙隐香林、壹默斋、寒碧堂、因树楼、枕烟亭、悬溜峰、湘中阁、悬溜山房、波烟玉亭、镜阁、小三吾亭、碧落庐、涩浪坡等。

复建园林仍然体现游线与景点的紧密结合。游人通过水绘园景区的西入口进入，北转来到画堤，再经过霞山桥方至水绘园复建部分。霞山桥东侧遍栽绿竹，间以土坡，此为恢复的妙隐香林景点。于林木中穿行隐约可见西北侧的枕烟亭。亭子独处一隅，陈从周点评其位置"稳临流，合园记，利全局，更增色"。此处不但可观画堤春色，还让人联想起古人在此处焚香品茗的画面。

从妙隐香林向北经过一东西走向的曲廊，（图13）循廊西行便至主体建筑壹默斋。壹默斋古朴端庄，体量突出，为全园重心。建筑采用硬山顶、清水墙、明式门窗，屋脊饰有梅、兰、竹、菊四种象征君子节操的泥塑。斋南是叠石种竹的小院，设有一座颇具姿态的巢湖石[33]；斋北设临水平台，可坐览四

33 约1992年时，工程队在驳岸挖土时挖出一块巢湖石，因状似嘉庆年间所绘水绘园地貌图上的巢湖石，故被认为是水绘园的遗物。见参考文献［12］。

图12・今水绘园风景区导游图（白框所示为陈从周复建部分）

周景致。（图14）由壹默斋往南即达寒碧堂，与水明楼遥相对应。

因树楼设于壹默斋之东，北临悬溜峰下。楼为两层，三面临水，一面依山。陈从周通过巧妙的构思，使人四面观之都能看到不同的景致：由南望之是一座二层小楼，由北望之被山体遮挡成一层建筑，隔池由西望之则宛如画舫，由东望之可见一面景墙，形成隔景。复建时为了再现因树楼“因树而设”的史貌，曾觅得一株古黄杨，但最后未能栽种，成为遗憾。

继续北行便至悬溜峰景区。悬溜峰是土石山，以黄石点缀。作为水面上的隔景，它将水面隔出了远近层次，令人无法一览

图13・曲廊
周向频摄

图14・壹默斋
周向频摄

无余，更觉水面广阔。湘中阁位于悬溜峰顶，为两层建筑，采用十字交叉歇山卷棚顶，飞檐翘角、出檐深远。阁的四面设有长窗，檐下饰有挂落。门窗、立柱、栏杆均漆以朱红。悬溜山房则深藏于悬溜峰脚，以土窗泥墙表达质朴无华的隐逸境界。边上有小浯溪联系着洗钵池与月池，沿悬溜峰东侧蜿蜒而过。

镜阁在月池西岸，与悬溜峰众景点隔池相对，架水而设，以小石桥连通岸边。镜阁造型别致，虽名为“阁”，实则为亭。设上下两层，但不能攀登。一层四面设圆洞门和美人靠，二层四面开圆窗，远看似月如镜。晴空之下，镜阁与水中的倒影浑然一体，恍如宝塔；若逢水位高涨，镜阁则如浮水上。镜阁还与波烟玉亭、小三吾亭形成环绕月池的三足鼎立式空间关系（图 15）。波烟玉亭为飞檐五角亭，位于悬溜峰北麓，以露水石磴通岸边。小三吾亭为三角亭，立于水中石基之上，造型简约，与波烟玉亭形成简繁对比。

由小三吾亭北望，碧落庐掩映于乔木之间。冒襄时期的碧落庐曾为僧人所居，庐前是“隆然而高的土山”。[4] 复建将此庐设计为三开间民居样式，前院临水而无土山，但其身后即是古城墙，亦是一种依靠。碧落庐西侧为涩浪坡。《水绘庵记》载其原位于悬溜峰南麓，复建时结合视线角度和观赏距离将其布置在月池的西北部。涩浪坡上遍植黑松，地势奔着月池层叠而下，坡顶引城外活水作瀑布流入月池，富有动感。涩浪坡同时还发挥了障景之妙，因其遮住了城墙西端，令人感到百米城

图15・镜阁、小三吾亭、波烟玉亭
周向频摄

墙可无限延伸。

总体上，水绘园的复建既遵循了历史格局，又结合现状环境和游赏需求大胆突破。全园空间结构清晰，水面开阔，林木秀丽且富有层次，山石组合有致，建筑形态精巧多变，于自然中体现了精致人工。（图16）复建后的水绘园继承了中国传统文人园林的空间要素与手法特征，又蕴含明清文人的审美趣味，重塑了陈从周称其为“天下名园”的空间形态与文化内涵。（图17）

图16・映水意境

杨晨摄

图17 · 陈从周题水绘园
周向频摄

结语

水绘园是典型的中国文人园林，其营造、衰败和复建与时代密切相关。文人园林自唐宋发展至晚明，无论是造园立意还是实践技法都臻于成熟。明代覆亡后，虽然晚明文人惬意的园居生活迅速瓦解，大量的园林被劫掠或废弃，但文人园林并未就此消逝。待到时局稍稳，遗民园林悄然再造，冒襄的水绘园就是其中的突出代表。水绘园在空间布局、元素手法上仍然延续晚明时期的特征，园内活动亦延续了晚明文人的园居与交往方式。冒襄之后，水绘园虽难逃衰败，但其风格和内涵，仍对后世园林的发展产生了深远的影响。

陈从周在《中国的诗文与中国园林艺术》中说："中国园林，名之为'文人园'。它是饶有书卷气的园林艺术。"水绘园更是"于我国私园中别具一格"。因此，在复建这座著名的文人园林时，陈从周严谨推理、考证史实，但也不拘泥于史料，适当融入自己的园林见解。水绘园属水景园，故陈从周在复建时尤其注意令桥梁、廊架、建筑等贴水、依水、浮水而设，形成映带左右、自成佳趣的景致。而"隔景"则是他深刻解读水绘园空间后着意强调的造景手法。他利用假山、廊、花墙等作为隔景，使游人经历多番曲折而对漫延的水面产生更广阔的空间感受。

当代水绘园复建工程能够交由陈从周主持是一件幸事。20世纪八九十年代，全国多处对历史建筑、历史园林大拆大改，随意仿建，产生很多矫揉造作的项目。陈从周奔赴各地竭力阻止不合理的改建，承担起保护和维修濒危历史园林与建筑的重任。水绘园是陈从周的收笔之作，体现了他作为造园大家的专业功底，凝聚了他作为中国文人的才情学识和赤子之心。他曾自评："纽约的明轩，是有所新意的模仿；豫园东部是有所寓新的续笔，而安宁的楠园，则是平地起家，独自设计的，是我国园林理论的具体体现。"如皋的水绘园，则可谓因地制宜的创造性恢复。

参考文献

[1] （民国）沙元炳．如皋县志 [M]．民国刻本．

[2 冒襄．巢民诗文集 [M]．清康熙刻本．

[3] 冒辟疆．冒辟疆全集 [M]．万久富，丁富生，主编．南京：凤凰出版社，2014．

[4] （清）佚名．水绘庵记 [M]// 鲁晨海．中国历代园林图文精选：第五辑．上海：同济大学出版社，2008．

[5] （清）冒广生辑．冒巢民先生诗集 [M]．

[6] 冒襄．影梅庵忆语 [M]．武汉：长江文艺出版社，2006．

[7] 白宝福．明代如皋冒氏家族研究 [D]．重庆：西南大学，2010．

[8] 李孝悌．冒辟疆与水绘园中的遗民世界 [J]// 李孝悌．恋恋红尘：中国的城市、欲望与生活．上海：上海人民出版社，2007．

[9] 顾启，姜光斗．冒辟疆家乐班的戏剧活动 [J]．潮州：韩山师专学报（社会科学版），1984（01）：72-79．

[10] 徐琛．冒辟疆董小宛传奇的演绎空间：水绘园 [M]．苏州：苏州大学出版社，2013．

[11] 路秉杰．奋进的一生 [J]．中国园林，2010，26（04）：2-3．

[12] 杨永生，王莉慧．建筑史解码人 [M]．北京：中国建筑工业出版社，2006．

悬溜峰东侧

临水最相宜，
东风吹绣漪

采幽香，
巡古苑，
竹冷翠微路

镜阁南侧临水竹径

水会园之复

豫园

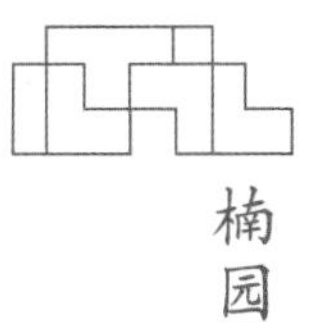
楠园

水绘园

跋

陈从周先生百年诞辰纪念系列活动筹备小记

韩 锋

同济大学建筑与城市规划学院

景观学系 系主任

陈从周先生百年诞辰纪念筹备，自2017年6月始，至今已一年有余。转眼筹备事项已接近尾声，纪念大会在即，各项成果也逐渐显现，不禁有时光恍惚之感。

陈从周先生是园林与文化界的一代宗师，是同济大学风景园林学的开创者和奠基人。能够参与组织策划如此重大的活动，我们非常感恩，感恩历史给予我们一个走近大师的机会。在筹办过程中，除了敬仰和自豪，我们深深地被陈先生的中国心、赤子情所感染，也更加感觉到全面整理、研究陈从周思想的急迫性，以及我们所肩负的传承中国历史文化的重任。

同济大学对纪念筹备高度重视，学校领导方守恩书记、伍江常务副校长多次指示，亲自出席各项活动。学院领导层层把关，全力支持。李振宇院长事事躬亲，院系工作团队和骨干教师们，在紧张的教学、科研任务外，更是夜以继日地收集整理资料、撰稿写作，奔波于各地调研考察、协调对接，推进筹备各项事宜。

陈从周先生的成就，不仅仅在于园林与艺术。陈从周说，中国园林是文人园，实基于"文"。陈从周的一生是对中国文化"为人生而艺术"的生动演绎，是中国艺术精神的生动实践。他把人生当作舞台，努力实现对人生的艺术审美以及对人生的超越和超拔。在他眼里，文化是人生，并无专业之分，园林、书画、戏曲、历史，他无一不爱，无一不精。他始终亲民爱民，始终保持精神和心底的纯美。

陈从周先生百年诞辰活动，纪念的不仅仅是陈从周的文化成就，更是他的精神和思想。活动希望能够联合社会各界，以更加多元、广泛的纪念形式缅怀先生的风采，全面地展示陈从周先生的人生、艺术与学术。

我们策划、组织了一系列纪念活动，包括学术报告会、纪念大会、座谈会、展览与雅集，并着手出版陈从周系列经典文献及研究专著。纪念活动得到了全社会的高度关注，《解放日报》《文汇报》《中国日报》以及《中国园林》《中国艺术》《同济大学学报》《时代建筑》等各大报刊媒体以及学术期刊相继开辟专刊，发表纪念文章和主题论文。吴志强院士亲自为《中国园林》撰写了纪念文。《解放日报》举办了“大师在上海”系列之“陈从周百年诞辰致敬展”。同济大学出版社除出版《陈从周造园三章》之外，还费尽周折，集结《苏州园林》《扬州园林》《苏州旧住宅》《中国名园》等名著的版权，重新排版装帧，增补照片图纸，修补老旧照片，再版陈先生的经典之作。外语教学与研究出版社精选推出了《中国文人园林》陈从周百年诞辰纪念版。

陈先生生前主持了大量古建筑古园林的修复，保护了一大批风景名胜，各地对陈先生都怀有深厚的感情，均积极响应同济大学的倡议，半年多以来，一直在联动筹备和开展丰富多彩的纪念与学术活动。扬州园林局已连续举办梓翁亭落成典礼、诗文大赛、诗文朗诵会。纪念大会活动周内，苏州园林局将举办“陈从周与苏州园林文献图片展”，杭州园文局、扬州园林局将召开纪念座谈会，浙江大学将举办“中国园林学术研讨会”，浙江南北湖陈从周艺术馆新展开幕，豫园画展开幕，云南安宁楠园更是修葺一新，隆重纪念陈从周百年诞辰。借此一隅，对所有合作单位表达最诚挚的感谢。

陈从周先生的成就举世公认，但对于其造园作品和造园思想的研究尚未形成体系，对其代表性造园作品的专门研究和相关资料还很少，水绘园、楠园等并不为外界所熟知。尤其是远在云岭之乡的楠园，更是鲜有人知，这实在是令人遗憾的事情。

鉴于这点，我们借陈先生百年诞辰之机，梳理了先生的重要造园作品，从中选取上海豫园、云南安宁楠园、江苏如皋水绘园三个典型，开展了翔实的调查研究。摄影家王伟强教授透过镜头充分展现先生作品之美；杨晨老师使用点云扫描技术对园林进行实地精确测绘，增强分析的技术性和准确性；段建强、周宏俊、周向频三位老师实地考察，搜寻资料，细分缕析，撰写文章。

《陈从周造园三章》首次依循“补园”—“修园”—“构园”的轨迹，深入梳理、分析、研究陈先生的造园手法和思想。同济大学出版社高度重视《陈从周造园三章》的出版，组织精兵强将，审核、排版、装帧、细节，无一不精。希望这本专著，能成为陈从周先生与其园林学说研究的新起点！

“老夫依旧汉儒生”。希望陈从周先生百年诞辰纪念，能够激发起人们对中国传统园林艺术的热情，唤起对传统文化的热爱，使我们肩负起传承中国历史文化的使命。希望中国现代风景园林学科的发展，能够大踏步地走在中国历史文化的延长线上。

2018年8月20日

图书在版编目（CIP）数据

陈从周造园三章 / 同济大学建筑与城市规划学院景观学系著. -- 上海：同济大学出版社, 2018.11

ISBN 978-7-5608-8224-6

Ⅰ. ①陈… Ⅱ. ①同… Ⅲ. ①园林设计 - 研究 - 中国 Ⅳ. ①TU986.2

中国版本图书馆CIP数据核字(2018)第251885号

陈从周造园三章

同济大学建筑与城市规划学院景观学系 著

出版人 华春荣
策划 秦蕾 / 群岛工作室
责任编辑 秦蕾 李争
责任校对 谢卫奋
书籍设计 敬人设计工作室 吕旻

出版发行 同济大学出版社
地址 上海市杨浦区四平路1239号
邮政编码 200092
网址 www.tongjipress.com.cn
经销 全国各地新华书店

版次 2018年11月第1版
印次 2018年11月第1次印刷
印刷 联城印刷（北京）有限公司
开本 889mm × 1194mm 1/32
印张 8.5 插页 24
字数 229 000

ISBN 978-7-5608-8224-6
定价 108.00元

本书若有印刷质量问题，请向本社发行部调换
版权所有 翻印必究
光明城联系方式：info@luminocity.cn

Three Chapters of Gardening by CHEN Congzhou
by: Department of Landscape Architecture,
CAUP, Tongji University

ISBN 978-7-5608-8224-6

Initiated by: QIN Lei / Studio Archipelago
Produced by: HUA Chunrong (publisher),QIN Lei, LI Zheng (editing),
XIE Weifen (proofreading), LV Min (graphic design)

Published in November 2018, by Tongji University Press,
1239, Siping Road, Shanghai, China, 200092.
www.tongjipress.com.cn

All rights reserved
No part of this book may be reproduced in any
manner whatsoever without written permission from
the publisher, except in the context of reviews.
Contact us: info@luminocity.cn